CNS

中小学生阅读书系

BOOKS
FOR PRIMARY AND
SECONDARY SCHOOL STUDENTS

小学
PRIMARY SCHOOL

中小学生阅读书系

小学
自然科学

探索印记

Tansuo Yinji

陈善广　主编

湖南科学技术出版社

导　读

一个民族有一些关注天空的人，他们才有希望；

一个民族只是关心脚下的事情，那是没有未来的。

——黑格尔

从丝绸之路上的胡椒种子，到大航海时代的冒险指南；从工业革命时期的蒸汽机，到更快更强的动力引擎，再到轮船、飞机、火箭……人类就这样一步一步地冲破地球的束缚，向着更高更远更广的领域挺进。终于，人类走进了太空。

1961 年 4 月 12 日，苏联成功发射世界上第一艘载人飞船"东方 1 号"，尤里·加加林成为世界上第一位遨游太空的航天员；1965 年 3 月 18 日，乘坐"上升 2 号"飞船的苏联航天员列昂诺夫在飞行中进行了世界航天史上第一次太空行走；1969 年 7 月 16 日，美国"阿波罗 11 号"载人飞船，第一次把人送上月球……历史的指针仍在有条不紊地旋转，人类探索太空的步伐也不曾停歇，空间站、航天飞机、火星探测器等相继出现在我们头顶的天空。

20 多年前，美国未来学家阿·托夫勒的《第三次浪潮》引起了世界各国的注意和研究，其思想震撼至今不绝。托夫勒在这本书中将人类社会划分为三个阶段：第一阶段为农业阶段，从大约1万年前开始；第二阶段为工业阶段，从17世纪末开始；第三阶段为信息化阶段，从20世纪50年代后期开始。我们目前正处于信息化阶段，一系列新技术正在崛起，形成了电子工业、航天工业、海洋工程、遗传工程四组相互关联的工业群。可以想见，当地球上的资源日渐枯竭，地球文明已经发展到极致的时候，人类势必将目光投向遥远的太空，以辽阔太空作为未来的家园。

太空是继陆地、海洋、大气层之后的人类活动的全新领域。太空技术对人类社会的推动作用已经显现，其中包括卫星通信技术对建设信息高速公路和太空对地观测对社会可持续发展的贡献，以及进入太空和开发太空资源对人类社会发展的影响等。人类社会发展进步的历程表明，任何一次新的工业革命，无不以科学技术的重大发现为先导。当今世界上有远见的专家都认为，太空将是下一次人类新工业革命的场所，太空探索将成为21世纪以后人类文明进步的巨大推力。

作为正在发展中的大国，中国自然也不能错失这个千载难逢的大好机遇。近几十年来，我国的载人航天事业无论是在理论上还是在实践中都取得了重大的突破和进展："神五"实现载人首飞，航天英雄杨利伟成为中国飞天第一人；"神六"的再次翱翔，英雄航天员费俊龙和聂海胜实现了多人多天飞行的突破；"神七"的成功发射更是让国人振奋和自豪，因为在这次飞天之旅中，中国的航天员翟志刚在同伴刘伯明、景海鹏的协助和支持下首次走出座舱，离开飞船，完成了中国历史上的第一次太空漫步。

太空漫步是一种很诗意的说法，它在学术和航天领域中有一个专用名词，叫作"出舱活动"，通常又被人们称为太空行走或太空出舱。

出舱活动是载人航天的一项关键技术，是载人航天工程在轨道上安装大型设备、进行科学实验、释放卫星、检查和维修航天器的重要手段，也是太空探索必须经历的重要阶段。它是多门类、多学科技术的综合，涵盖了机械、电子、自动控制、计算机、新材料、新能源、微电子、通信、医学、天文学、力学等多个学科的内容。出舱活动的实现，对于载人航天事业的发展来说有着举足轻重的影响，同时它还有利于带动相关科学技术的进步，促进高科技成果转化为生产力。自1965年列昂诺夫实现人类第一次出舱活动以来，人类已经进行了近三百次太空行走，出舱活动的航天员也达到了几百人次。

随着太空探索进入更高级的阶段，人类需要在其他星球登陆，探寻天外生命的痕迹，破译无垠宇宙的密码，这些科研活动也需要航天员离开飞行器，在太空中进行工作。因为人类在认识领域的每一次突破，将取决于人类活动空间和领域的进一步突破——航海时代如此，航天时代亦然。只有将自己的生命体本身从陆地、海洋和大气层，扩展到广阔无垠的太空，人类才能回答长期困惑自己的根本问题。只有思想和认识在这个层次上达到了飞跃，人类才能引来新一次的科技革命，推动人类文明的不断拓展和进步。从这个意义上来讲，掌握航天员太空出舱的技术不仅是必然，而且是必须。

鉴于此，为了进行一次全民性的有关"太空出舱"航天科普知识的传播和推广，同时也是为了让更多的人更好地关注中国航天、了解中国航天、热爱中国航天，中国航天员科研训练中心联合湖南科学技术出版社，精心打造了《漫步太空书系》这套有关太空出舱（太空行走）的基础性科普丛书。《漫步太空书系》是一套有关航天知识的系统科普教育丛书，尽量满足广大航天爱好者的求知需求，我们希望帮助所有关心祖国航天事业的人们了解和认识神奇的太空出舱活动，让他们从中享受这份振奋和愉悦。

本丛书共分为《探索印记》《苍穹信步》《飞天摇篮》三册。

第一册：《探索印记》

即人类太空行走简史。充分回顾40多年来太空出舱活动历史演变。

本分册着重介绍航天员舱外活动的历史。挑选典型的出舱活动案例，详细介绍从飞船、空间站、航天飞机开展的出舱活动的发展历史，回望人类漫步太空的脚步，并对人类未来将要进行的太空探索趋势进行了科学的展望。

第二册：《苍穹信步》

即太空行走是怎样进行的？详细说明太空出舱活动的过程。

本分册以出舱活动执行任务为线索，全面介绍太空漫步的具体过程及其原理，同时穿插了大量故事，讲述这些程序和过程是如何演化和改进的。例如航天员出舱时要求遵守一定的程序，包括系统检查装备、吸氧排氮、气闸舱泄压、执行任务、气闸舱复压等，每个步骤的背后都有很多知识点、关注点和丰富的故事情节。

第三册：《飞天摇篮》

即太空行走航天员是怎样炼成的？解释说明出舱活动对出舱航天员的生理、心理要求以及出舱航天员的选拔和训练过程。

本分册以轻松的笔墨介绍航天员要经过怎样的训练才能考取太

空漫步的"驾照"，用生动的实例展示选拔的苛刻标准和各种故事。通过国内外航天员的训练感受，向读者展示非常有特色的水下训练、失重飞机训练、出舱程序训练、模拟器训练以及舱外航天服实验舱真空体验训练。

本分册以翔实的资料、温情的笔触和独家的报道，记录了中国航天员首次进行太空漫步这一经典的历史性时刻，并为读者第一时间权威披露中国首位出舱航天员是如何通过层层苛刻的选拔和训练脱颖而出的，同时对我国的出舱技术、出舱装备及出舱训练设备设施等进行重点介绍。

在该套丛书的编写过程中，由我国太空出舱技术方面的资深专家、骨干科研人员和科普作者组成顾问和编委队伍，为该套丛书的编撰倾注了大量的心血，正是因为他们的专业、敬业和热情，丛书的科普性、趣味性、可读性才得以很好地体现。具体来说丛书有如下四个特点：一是科普性方面，立足航天员出舱活动知识的传播和普及，力求科学性、权威性、专业性相统一；二是人文性方面，追求一种诗意化的表述和形象化的解读，具有浓厚的人文色彩，力求避免以往大多数科普图书"一问一答"式的枯燥和单调；三是可读性方面，充满诗意的导语，精巧别致的解说，围绕着太空出舱这一主题进行多方位解读，尽力让读者读有所获、读有所感、读有所言；并在记录的过程中着重科普常识和知识点的介绍，以及我国在相关科技领域内关键技术的突破和成就。正如大多数专家和编委所说的，作为航天科技工作者，弘扬载人航天精神，普及载人航天知识也是他们义不容辞的社会责任和义务。在此，作为主编，我对他们所付出的一切，深表敬意和感谢。

我还要感谢为本丛书的编辑、出版做出过努力的所有人，是他们不辞辛劳的工作，丛书才得以顺利面世。他们一丝不苟的编校、独具匠心的设计，帮助读者更加准确、直观、感性地认识出舱活动的神奇与奥妙，从而对出舱活动有一个完整清晰、生动形象的认识。

　　需要说明的是，由于本丛书涉猎的知识面广，加之时间仓促，虽经多方审校，仍难免有疏漏错误之处，敬请广大读者指正。

2008 年 9 月于北京

前　言

相信我们每一个人，小时候都会望着浩瀚的星空出神，我们幼小的心灵里，装满了数不尽的奇思妙想：天上都有些什么东西？宇宙真的是无边无际的吗？其他星球上，是不是也住着跟我们一样的外星人？我们可以穿越太空，到另外的星球上去吗？

也许我们对未知事物的探求，都发端于对天空的好奇。茫茫夜空，总能轻易吸引我们关注的目光。实际上，并不只有我们现代人热爱太空，我们的先祖，早在数百年乃至一两千年前，就开始了对太空的探索。中国自古就有嫦娥奔月、牛郎织女的美丽神话；敦煌莫高窟的飞天壁画，印证了中华民族对太空遨游的渴望；而明朝官员万户在坐椅上捆绑火箭的大胆行为，更是为人类的飞天梦想增添了悲壮的色彩。在国外，从哥白尼创立"日心说"，到伽利略用望远镜观察夜空，从人造地球卫星的升空，到航天员在太空行走，从"阿波罗11号"飞船登陆月球，到火星探测器搜寻太空生命，人类探索宇宙的脚步，就从来没有停歇过。

中华民族历来对神秘莫测的太空有着强烈的好奇心，如今，"神舟七号"已经发射升空，中国航天员在此次任务中进行了首次太空行走，华夏儿女漫步太空已完美圆梦。

太空行走，也叫太空漫步或出舱活动，是载人航天的一项关键技术，是载人航天工程在轨道上安装大型设备、进行科学实验、施放卫星、检查和维修航天器的重要手段，更是太空探索必须经历的重要阶段。人类要破解宇宙的奥秘，初期得组建空间站，而空间站的建立、维修，离不开航天员的出舱活动。随着太空探索进入更高级的阶段，人类需要在其他星球登陆，探寻天外生命的痕迹，破译无垠宇宙的密码，这些科研活动更需要航天员离开飞行器，在太空中进行工作。

千里之行，始于足下。本书将带您回顾人类探索太空的历程，并将着重向您描绘航天员出舱活动的历史，跟您一起展望未来人类的航天活动。希望能让您学到探索太空的基本知识，为将来进一步了解太空、认识未知的宇宙打下良好的基础。

编者

2008 年 9 月

目　录

对这个无边的世界始终充满好奇心，是人类的特点之一。我们无法回到过去，去寻找人类对太空"最初的梦想"，但有一点可以肯定，我们的祖先也像我们一样，不会对茫茫的宇宙视而不见。正是他们那些梦想的基因一代代地传承下来，才造就了目前人类浩瀚的文明——这些文明和我们生存的宇宙一样无边无际，而且永远在延伸。

由于知识的贫乏、科学技术的落后，古代的人类对太空的梦想往往与宗教、神话甚至迷信交织在一起。但没有人会去嘲笑我们祖先那些现在看起来很天真的梦想。他们的梦想就像一颗颗小小的火种，一代代流传下来，点亮了人类的飞天之路。

第一章
梦想的发端

不知天上宫阙，今夕是何年？

——苏轼《水调歌头·明月几时有》

神话中的探索

　　神说，天上要有光体，可以分昼夜，作记号，定节令，日子，年岁。并要发光在天空，普照在地上。事就这样成了。于是神造了两个大光，大的管昼，小的管夜。又造众星。就把这些光摆列在天空，普照在地上。管理昼夜，分别明暗。神看着是好的。有晚上，有早晨，是第四日。

——《圣经·创世纪》

　　在西方基督教徒的眼中，宇宙就这样在上帝手中诞生了，多么宏伟壮观的一项工程啊。为了管理宇宙中一切，便产生了众多的神，有条不紊地各司其职。

古希腊神话

　　基督教和古希腊古罗马神话是现代西方文明构筑的两大根基。时至今日，古希腊古罗马的富丽堂皇早已随风而逝，但它们充满思辨的哲学、严谨清晰的法制和浪漫的神话传说，则深深地影响着现代文明。古希腊人把对宇宙、对大自然的无尽想象转化成形象生动的神话故事代代相传，这其中就包含了对宇宙中太阳、月亮和星星等天体的大胆想象。

浪漫的古希腊人把月亮看得和太阳同样重要，月亮女神阿蒂米斯就是众神之父宙斯的女儿、太阳神阿波罗的孪生妹妹。他们往往还喜欢通过观察天上的星星，以奇妙的幻想形式，寄托自己对美好爱情生活的向往与追求。这其中流传最广的要数关于十二星座的传说了。古希腊神话中，天秤座的来源与宙斯的女儿正义女神有关。

在远古时代，人类与神都居住在地上，一起过着和平快乐的日子，可是人类愈来愈聪明，不但学会了建房子、铺道路，还学会了钩心斗角、欺骗等不好的恶习，使得许多神仙都受不了，纷纷离开人类，回到天上居住。

但是在众神之中，有一位代表正义的女神，并未对人性感到灰心，依然与人类一同住在一起。不过人类却变本加厉，开始有了战争和彼此残杀。最后连正义女神都无法忍受，也毅然决然地搬回天上居住，但这并不表示她对人类已经彻底绝望，她依然认为人类有一天会觉悟，会回到过去善良纯真的本性。

回到天上的正义女神，在某一天与海神不期而遇，海神因为嘲笑她对人类愚蠢的信任，两人随即发生了一场激辩。辩论当中正义女神认为海神侮辱了她，必须向她道歉，海神不这么认为。于是两人僵持不下，一状告到宙斯那里。

这种情形让宙斯感到很为难，因为正义女神是自己的女儿，而海神又是自己的弟弟，偏向哪一方都不行。正当宙斯为此感到很头大时，王后适时地提出了一个建议，要海神与正义女神比赛，谁输

图 1.1　天秤座星座图

了谁就向对方道歉。

比赛的地点就设在天庭的广场中，由海神先开始。海神用他的棒子朝墙上一挥，裂缝中就马上流出了非常美的水。随后正义女神则变了一棵树，这棵树有着红褐色的树干，苍翠的绿叶以及金色的橄榄，最重要的是，任何人看了这棵树都会感受到爱与和平。比赛结束，海神心服口服地认输。

宙斯为了纪念这样的结果，就把随身携带的秤，往天上一抛，成为现在的天秤座。

中国古老的传说

在中国，人们对宇宙的想象和西方人有着惊人的相似：宇宙之主是玉皇大帝，各路神仙掌管宇宙中的各项事务，其中掌管月亮的仙子叫嫦娥，她住在月亮上的广寒宫中，嫦娥奔月是一个在中国妇孺皆知的故事。在浪漫而务实的中国人看来，月亮上的广寒宫只是"天庭"诸多宫殿中的一个，那里孤独和冷清，甚至还有些凄凉，嫦娥仙子带着她的玉兔，思念着丈夫后羿。

图 1.2　嫦娥奔月图

　　月球是离人类最近的天体，人类对宇宙的好奇与探索，就是从对月亮的想象开始的。由月亮延伸开来，中国还流传着一段关于广袤宇宙中美丽星河的神话传说——牛郎织女的故事。

　　相传在很早以前，南阳城西牛家庄里有个聪明忠厚的小伙子，父母早亡，只好跟着哥哥嫂子度日。嫂子马氏为人狠毒，经常虐待他，逼他干很多的活。一年秋天，嫂子逼他去放牛，给他九头牛，却让他等有了十头牛时才能回家，牛郎无奈只好赶着牛出了村。

　　牛郎独自一人赶着牛进了山，在草深林密的山上，他坐在树下很伤心，不知道何时才能赶着十头牛回家。这时，有位须发皆白的老人出现在他的面前，问他为何伤心，当得知他的遭遇后，笑着对他说："别难过，在伏牛山里有一头病倒的老牛，你去好好喂养它，等老牛病好以后，你就可以赶着它回家了。"

　　牛郎翻山越岭，走了很远的路，终于找到了那头有病的老牛，他看到老牛病得厉害，就去给老牛打来一捆捆草，一连喂了三天，老牛吃饱了，才抬起头告诉他，自己本是天上的灰牛大仙，因触犯了天规被贬下天来，摔坏了腿，无法动弹。自己的伤需要用百花的露水洗一个月才能好，牛郎不畏辛苦，细心地照料了老牛一个月，白天为老牛采花接露水治伤，晚上依偎在老牛身边睡觉，到老牛病好后，牛郎高高兴兴赶着十头牛回了家。

回家后，嫂子对他仍旧不好，曾几次要加害他，都被老牛设法相救，嫂子最后恼羞成怒把牛郎赶出家门，牛郎只要了那头老牛相随。

一天，天上的织女和诸仙女一起下凡游玩，在河里洗澡，牛郎在老牛的帮助下认识了织女，两人互生情意，后来织女便偷偷下凡，来到人间，做了牛郎的妻子。织女还把从天上带来的天蚕分给大家，并教大家养蚕、抽丝，织出又光又亮的绸缎。

牛郎和织女结婚后，男耕女织，情深义重，他们生了一男一女两个孩子，一家人生活得很幸福。但是好景不长，这事很快便让天帝知道了，王母娘娘亲自下凡来，强行把织女带回天上，恩爱夫妻被拆散了。

牛郎上天无路，还是老牛告诉牛郎，在它死后，可以用它的皮做成鞋，穿着就可以上天。牛郎按照老牛的话做了，穿上牛皮做的鞋，拉着自己的儿女，一起腾云驾雾上天去追织女，眼见就要追到了，岂知王母娘娘拔下头上的金簪一挥，一道波涛汹涌的天河就出现了，牛郎和织女被隔在两岸，只能相对着哭泣流泪。他们的忠贞爱情感动了喜鹊，千万只喜鹊飞来，搭成鹊桥，让牛郎织女走上鹊桥相会，王母娘娘对此也无奈，只好允许两人在每年七月七日于鹊桥相会。

从天文学上讲，"牵牛"和"织女"两个星座分别居于银河的南北两侧。牵牛星有三颗，人们称中间的那颗星为牛郎星，两边的两颗星便代表牛郎的两个孩子，把这三颗星连在一起看，就像是牛郎用扁担挑着

图1.3　牛郎织女图

两个孩子。牵牛星属天鹰座，在它的东南方有六颗牛宿星，人们把它看成是牛郎牵的牛。织女星也有三颗，连在一起构成一个三角形，人们把它看成是织女织布用的梭子。织女星属天琴座，在它的东南有渐台四星，用线可联成一个四边形，人们把它看成是织女用的织布机。

人们通过想象，创造这些美丽的神话来解释自然之谜。不管中国还是外国，在那个科技水平不发达的年代，浪漫的人类用神话传承文明，滋养着一代代的后人。这些神话寄托了人们对美好生活的向往，也表达了人类对宇宙探索的无限梦想和激情。

链接：莫高窟的飞天壁画

除神话传说外，古代中国人还用绘画、雕塑等各种方式，展示他们对太空遨游的强烈渴望，敦煌莫高窟的壁画就是这样的一个例子。

莫高窟位于甘肃省西北部的敦煌，坐落在三危山和鸣沙山的环抱

中，四面沙丘环绕。在茫茫沙漠的断崖峭壁上，排列着492个洞窟。

莫高窟的洞壁上，绘有大量宏伟瑰丽的壁画，壁画的内容五花八门，有的描绘自然风光，有的反映民间生活，有的记录佛教故事，但最引人注目的，还是那令人目不暇接的飞天图案。

飞天是古印度神话中的歌舞神和娱乐神，可以凭借飘曳的衣裙和飞舞的彩带在空中飞翔。这是古代中国人吸收外来文化，结合本民族传统创作出来的艺术形象。莫高窟壁画上的飞天，头戴玉冠，身披长裙，有的臂挽花篮，抛撒花瓣；有的怀抱琵琶，轻抚琴弦；有的伸展双臂，自在遨游……置身其中，只让人觉得五光十色、璀璨绚丽。

究竟是什么人绘出了如此风采卓越、栩栩如生的飞天图画？到现在为止，这都是一个难解之谜。莫高窟壁画的总面积达45000多平方米，总绘制时间超过1000年，在这么长的时间里，画工的数量肯定是一个庞大的数字，但目前研究人员只能找到公元10世纪的部分画工的资料，其中记载有具体姓名的壁画作者，只有平咄子等12人。

尽管在敦煌文献中难以找到飞天壁画作者的内容，但是有一点可以断定，当时的人们在长达1000年的时间里，孜孜不倦地绘制出令人叹为观止的飞天壁画，再一次强烈地印证了华夏儿女矢志不渝的飞天之志。

图1.4 敦煌飞天图（组图）

诗意的科学探索

文字产生后，在人类文明的记载中，很多文人墨客都对宇宙产生了无限的想象，他们用笔墨挥洒着胸中的宇宙情怀。

屈子的追问

曰遂古之初，谁传道之？

上下未形，何由考之？

冥昭瞢暗闇，谁能极之？

冯翼惟像，何以识之？

明明闇闇，惟时何为？

阴阳三合，何本何化？

圜则九重，孰营度之？

惟兹何功，孰初作之？

斡维焉系，天极焉加？

八柱何当，东南何亏？

九天之际，安放安属？

隅隈多有，谁知其数？

天何所沓？十二焉分？

日月安属？列星安陈？

出自汤谷，次于蒙汜？

自明及晦，所行几里？

夜光何德，死则又育？

厥利维何，而顾菟在腹？

女歧无合，夫焉取九子？

伯强何处？惠气安在？

何阖而晦？何开而明？

角宿未旦，曜灵安藏？

……

——屈原《楚辞·天问》

屈原（公元前 340—前 278）是《诗经》以后的中国第一位伟大诗人，《天问》是屈原所作楚辞中的一篇"奇"文——奇绝的内容显示出作者惊人的艺术才华，表现出诗人非凡的学识和超卓的想象力。在这首长诗中他一口气提出 172 个问题，天文地理、博物神话、人物历史无不涉及。通篇看来，在天文科学方面，《天问》的价值体现得特别明显。他发起了对宇宙的

图 1.5　屈原（公元前 340—前 278)，战国末期楚国丹阳人，主要代表作有《离骚》《九章》《九歌》《天问》

10

追问：关于宇宙起源的情况，是谁传下来的呢？天地还未成形的时候，如何能考察出来呢？那时昼夜未分，混混沌沌，谁能弄得清楚呢？又有什么在回旋浮动，这种无形的像如何可以分明呢？日明夜暗，昼夜交替，这是怎么一回事呢？阴阳二气的结合和变化，这是什么道理呢？天有九重，是谁动手营造的呢？这何等伟大的工程，最初是谁创造的呢？

这一系列问题，实际上都是自然和天文等科学问题。鲁迅在《摩罗诗力说》一文中称赞《天问》道："怀疑自遂古之初，直至百物之琐末，放言无惮，为前人所不敢言。"

著名科学家李政道曾说，他研读《天问》时发现，这是屈原用诗的形式写就的宇宙学论文，屈原在两千多年前就在诗中巧妙运用了几何学和物理学的对称性原理，提出地球是圆的，可能是个东西、南北不一样长的扁椭圆球体。

柳宗元的回答

对屈原所提出问题作出应答的，不是科学家，而是1000多年以后的唐代文学家柳宗元（773—819）。柳宗元在《天对》中批判地继承了《天问》的思想，并根据当时的自然科学水平，一一回答了《天问》提出的问题。《天问》和《天对》是科学诗作的姐妹篇。从元气本位论出发，吸取古代混沌中生长天地的思想，把天地的产生完全看作是自然界本身发展变化的结果。这个唯物主义的天体演化观点在柳宗元《天对》中有着十分清晰的阐述：

无极着极，游弥非根。

无中声旁，乌际乎天则。

无限无隅，曷懵厥列。

东南西北，其极无方。

夫何鸿洞，而课校长？

茫乎不准，孰衍孰穷！

这些诗句的意思是：宇宙没有边际，广袤无边。天没有中心和边沿，怎么能把天划分九天并加上边际呢？天没有什么角落和弯曲之处，不要被这个问题弄糊涂了。东西南北，无边无际。宇宙茫茫，量什么长度呢？宇宙在迅速变化，不可度量，哪有什么差距和尽头？

柳宗元的宇宙无限性思想是相当有创见的。他认为

图 1.6 柳宗元 (773—819)，字子厚，唐代文学家、哲学家和政治家，唐宋八大家之一

宇宙没有中心，仅这点认识就比哥白尼、牛顿和康德都高出一筹。哥白尼和牛顿都认为太阳是宇宙的中心，康德也认为宇宙有一个中心。

另一个值得一提的人是康有为（1858—1927），康有为是近代国人向西方寻找真理的著名代表人物（如图 1.7）。他很重视天文科学。

公元 1885 年，康有为才 28 岁，就写了一本天文著作《诸天讲》。此书晚年又加以修改，并在他死后 1930 年出版。该书中第九卷《霞云天篇》里有这样一首诗：

> 我所思兮霞云天，中有百亿之星团。
>
> 绿光紫焰各荧然，烂烂缦云照大园。
>
> 吾银河天星日二万万，只为一局部之星躔。
>
> 如银河天者十六万，各为乡县分属焉。
>
> 位吾银河之两极，邈邈远极隔不连。

所谓"霞云天"，指银河及河外星系，当时已知河外星系 16 万个，银河系中恒星数目为 2 亿，所以诗中有"如银河天者十六万""吾银河天星日二万万"之句。

康有为在《霞云天篇》中还写道："欧人测天至霞云天而极矣。法古人不知有霞云天，则心目中，书记中皆无霞云天也，而今有矣。然则为今人未能测者，霞云天之上必有天，又必有无量天可推也推尽无尽，非笔墨心思所能尽也。"这是在近代天体科学认识基础上，在中国历史上第一次提出经过论证

图 1.7　康有为（1858—1927），人称康南海或南海先生，著名政治家、思想家、教育家

13

的宇宙无限性思想。

从屈原的《天问》开始，到柳宗元的《天对》，直至康有为的《霞云天篇》，这些天文诗歌，反映出一幅生动丰富的从质疑到科学验证，从开天辟地的混沌世界到烂烂缦云的河外星系的不断探索、不断发现的天文科学历史画卷。

图 1.8　神秘莫测的银河系星图

理论的萌芽

宇之表无极，宙之端无穷。

——张衡《灵宪》

中国是天文学发展最早的国家之一，世界上有关日食、月食、太阳黑子、彗星、流星雨、新星和超新星等天文现象的记录，都以中国最早和最丰富。

在以采集和渔猎为生的旧石器时代，我们祖先对寒来暑往的变化、月亮的圆缺、动物活动的规律以及植物生长等，已经有了一定的认识。新石器时代，社会经济逐渐进入以农牧生产为主的阶段，人们更加需要掌握季节的变化规律，以便安排农事。我国古代的天文历法知识就是在生产实践的迫切需要中产生出来的。根据考古学和古文献资料确切可知，新石器时代中期，我们祖先已开始观测天象，并用以定方位、定时间和定季节了。

战国时期出现了天文学专著，如齐国人甘德所著《天文星占》，魏国人石申所著《天文》，后人将这两部著作合为一部，称作《甘石星经》，这是世界上现存最早的一部天文学著作。《甘石星经》记录了水、木、金、火、土五大行星的运行情况，以及它们的出没规律。书中还测定了 121 颗恒星的方位，记录了 800 颗恒星的名字，这是世界上最早的恒星表，比希腊天文学家伊巴谷测编的欧洲第一个恒星表大约早 200 年。

甘德还用肉眼发现了木星的卫星，比意大利天文学家伽利略在 1609 年用天文望远镜发现该星早 2000 多年。石申则发现日食、月食是天体相互掩盖的现象，这在当时也是难能可贵的。为了纪念石申，月球上有一座环形山就是以他的名字命名的。

到东汉，我国出现了一部世界天文史上的不朽名作，即《灵宪》，它的作者是我国古代伟大的天文学家张衡（78—139）。张衡因发明地震仪而闻名，但是他在天文领域的成就也是让后人景仰的。

图 1.9　张衡 (78—139)，字平子，东汉人，我国古代伟大的天文学家

《灵宪》是张衡积多年的实践与理论研究写成的一部天文巨著。该书全面阐述了天地的生成、宇宙的演化、天地的结构、日月星辰的本质及其运动等诸多重大课题，将我国古代的天文学水平提升到了一个前所未有的新高度，使我国当时的天文学研究居世界领先水

图 1.10　张衡发明的地震仪

平，并对后世产生了深远的影响。

《灵宪》一文中的天文学成就可以概括为以下几方面：

第一，论述了宇宙的起源和宇宙的结构。《灵宪》认为天地万物是从原始的混沌未分的元气发展来的，后来始分清浊，清气和浊气相互作用，便形成了宇宙。清气所成的天在外，浊气所成的地在内。这种天体演化思想，是从物质运动的本身来说明宇宙的形成是不断发展变化的。这与现代宇宙演化学说在基本原理上是相通的。

第二，月食的成因。"月光生于日之所照；魄生于日之所蔽。当日则光盈，就日则光尽也。"意即月亮本身是不发光的，而是太阳光照射到月亮上，月亮才折射出光，太阳光照不到的地方则出现亏缺，如果月亮进入地影——张衡将地影取名叫"暗虚"，就会发生月食。

第三，宇宙的有限性和无限性。张衡认为人们目之所及的宇宙世界是有限的，但在人们目之所及之外，就"未之或知也。未之或知者，宇宙之谓也。宇之表无极，宙之端无穷。"

第四，测日和月的平均角直径值。张衡实测出日、月的角直径是整个周天的 1/736，转换为现行的 360 度制，即 29°21′，这与近代天文测量所得的日和月的平均角直径值 31°59′ 和 31°5′ 相比，绝对误差仅有 2°，可以说是相当精确的。

第五，制作新星表。张衡对前人留传下来的好几种星表作了整理、汇总，重制载星三千的新星表。据《灵宪》载，其中"中外之官常明者百有二十四，可名者三百二十，为星二千五百，而海人之占未存焉"。汉末丧乱，张衡所制星表失传。晋初陈卓建立的星表，有星 1464 颗，仅为其半。直到清康熙年间，用望远镜观察，方过 3000 之数。

第六，五星的运动。五星即金、木、水、火、土五大行星。张衡将其分为两类：水、金两星，距地近，运动快，附于月，属阴；火、木、土三星，距地远，运动慢，附于日，属阳。张衡虽然还不知道行星，包括地球都是绕太阳而行的，但他已经发现行星运动的速度与运转中心体的距离有关。可惜这种正确的思想没有引起后世的足够重视，而在很大程度上限制了中国天文学的发展。直到 17 世纪，开普勒在哥白尼太阳系学说的基础上，指出行星运动的三大规律，而其中之一，便是行星速度和公转周期决定于行星与它运转中心体太阳之间的距离。

《灵宪》是我国古代天文学史上最杰出的天文学著作之一，

图 1.11 张衡发明的漏水转浑天仪

也是我国天文学发展到达一个新高度的里程碑，虽然其中还有一些错误和不足，但在天文学史上的意义并不因此而逊色。

张衡的天文成就并非只局限于理论著作上，在两度出任中央政府专管天文的太史令，任职长达 14 年之久的时间内，他进行了许多重大的科学研究工作，观测记录了 2500 颗恒星，并创制了世界上第一台能比较准确地表演天象的、用水力推动的大型天文科学仪器——漏水转浑天仪。

除了天文学方面的造诣，张衡的成就还涉及地震学、机械技术、数学乃至文学艺术等诸多领域。在今天的河南省南阳县的北面，仍保存着张衡墓和平子读书台，墓碑上有郭沫若先生的题词："如此全面发展之人物，在世界史上亦所罕见。万祀千龄，令人景仰。"

为了纪念张衡的功绩，1977 年，国际小行星命名委员会将太阳系中永久编号为 1802 号的小行星命名为"张衡星"。同时，为纪念张衡的诞生

图 1.12　保存于河南南阳的张衡墓

地河南南阳，由中国科学院国家天文台施密特小行星项目组于 1995 年 11 月 4 日发现的永久编号为 9092 号的小行星被正式命名为"南阳星"。小行星命名具有国际性和永久性，是一项崇高的国际荣誉。另外，月球背面的一座环形山也是以张衡的名字命名。

图 1.13　月球上的环形山（组图）

科幻小说中的科学预言

"透过科学的眼睛，我们愈来愈领略到：现实世界并非如人类童年时所见的秩序井然的小花园，而是一个奥秘绝伦、浩瀚无比的宇宙。如果我们的艺术不去探索人类正在闯入这大千世界时所碰到的境遇及反思；也不去反映这些反思带来的希望和恐惧，那么，这种艺术是死的艺术……但是人没有艺术是活不下去的，因此，在一个科学的时代里，他创造出科幻小说。"这是瑞典化学家保罗·赫尔曼·穆勒对科幻小说的理解，他曾因发现了 DDT 的杀虫功效而获得 1948 年诺贝尔生理学、医学奖。

进入近代，科幻小说已经成为人们通过幻想，对未知世界的一种轻松的探索形式。月球是离地球最近的天体，自然也是最为热门的想象对象。有很多科学家，既是科研工作者，也是杰出的科幻作家。

奇妙的"梦想"

德国天文学家约翰尼斯·开普勒（1571—1630）在科幻小说《梦想》中对月球的旅行展开了幻想，他形象地阐述了宇宙飞行中的种种奇异状态：超重、失重、如何战胜空间的冰冷以及如何度过月球表面漫长的白昼……《梦想》的主人公迪拉考托斯是热爱写作的冰岛人，喜欢天文活动。主人公在一个"非常有智慧的精灵"的帮助下，进行了一次奇妙的月球旅行。

《梦想》是开普勒对科幻小说发展的贡献。它像是一个迷信和科学的奇特混合体，书中对月食、日食、行星运动、飞行时的体重变化、真空状态等都有较为细致的描述，还想象出了月球居民和月球上存在着的巨大植物和新奇动物。

另外，法国作家西拉诺·德·贝热拉克（1619—1655）创作的《月球之行》也是一个关于月球旅行梦想的故事，浪漫而又有趣。

作家西拉诺是名副其实的冒险家、剑客和才子。他在书中探讨了各种飞行方法，提出利用磁铁的吸引力实现升空，并首次提出，以"火箭"作为太空旅行的工具。他安排主人公设计出一个以焰火爆竹作为推进动力的飞行器，以便挣脱地球的引力。实际上，西拉诺已经不自觉地应用了反作用原理，而牛顿直到这之后多年才阐述了该原理的真正含义。西拉诺设计的飞行器非常有趣，飞行器上面捆了六组巨大的爆竹，硬是把人推到了月球上，最后他们坠落在月球上的一棵苹果树上。

西拉诺所幻想的"火箭"无疑是后来捆绑式火箭的雏形。

不可思议的预言

法国作家儒勒·凡尔纳（1828—1905）被称为科幻小说的鼻祖。其代表作《从地球到月球》中的科幻构思至今仍令人称道，被视为

图 1.14　儒勒·凡尔纳

图 1.15　凡尔纳《从地球到月球》

不可思议的预言。

凡尔纳在《从地球到月球》中写道，美国南北战争结束后，巴尔的摩城大炮俱乐部主席巴比康提议向月球发射一颗炮弹，建立地球与月球之间的联系。法国冒险家米歇尔·阿当得知这一消息后建议造一颗空心炮弹，他准备乘这颗炮弹到月球去探险。炮弹造好后，巴比康、米歇尔和巴尔船长克服了种种困难，终于乘这颗炮弹出发了。但炮弹并没有在月球上着陆，却在离月球 2800 英里（1 英里 =1.609 千米）的地方绕月飞行。

那著名的"炮弹车厢"——弹壳飞船，设计非常奇妙。这个炮弹的外部直径 9 英尺（1 英尺 =0.3048 米），高 12 英尺。为了不超过规定的重量，他们把弹壁做得稍微薄一些，同时却把炮弹底做得特别厚，因为它要承受低氮硝化纤维素燃烧时产生的气体的全部压力，其实，炸弹和锥形圆柱体的手榴弹也是这样的，底部比较厚。

这个"炮弹"的出入口是在圆锥形部分上开的一个小洞，洞门是铝板做的，关上洞门，再拧紧结实的翼形螺钉，小洞就严丝合缝地堵起来了。这样，旅客们一到达想要去的天体，就可以自由地走出去。

在炮弹上有四个舷窗，舷窗上装着非常厚的凸透镜，两个在炮弹周围，第三个在弹底，第四个在尖顶，旅客们可以透过舷舱，欣赏一路上的奇妙景色。

后来，"阿波罗号"登月飞船的返回舱，和凡尔纳当时所设想的"炮弹飞船"十分相似。1998 年第 10 期的《科幻世界》杂志对此进行了比较。

凡尔纳月球炮弹与"阿波罗 11 号"登月飞船对照表

项　目	凡尔纳月球炮弹	"阿波罗号"登月飞船
航天员人数	3	3
航　速	10972 米 / 秒	10830 米 / 秒
航　时	97 小时 13 分 20 秒	103 小时 30 分
降落地点	两者仅相差十几千米	
发射点	同为佛罗里达卡纳维拉尔角	

与现实如此相似的设想，真是一个不可思议的奇迹。在《从地球到月球》的续篇《环绕月球》中，凡尔纳准确地描述了失重的影响，并勾画了宇宙飞船重返地球大气层、溅落到太平洋上的壮观场面；更让人称奇的是，他记述的地点与 1969 年 7 月美国"阿波罗 11 号"飞船从月球返回时溅落的地点仅仅相距十几千米！

这些不可思议的科幻小说从科学的角度出发，借助作家的智慧和想象力，所描写的内容给后来的科学家研发太空探索设备不少启发，比如航天食品、航天员的选拔、航天器与航天服的设计等，有很多都是从科幻小说中受到启示而发明的，或是根据科幻小说所描述的情景进行设计的。可以说，科幻小说推动着人类对宇宙和太空进行更为大胆的探索行动。

梦想是人类前进的动力。从古老的神话传说到充满智慧的科学诗篇，从天真质朴的飞天实验到华丽精巧的科幻小说，无一不闪烁着人类飞天梦想的光芒。在梦想的天空里，人类探索的步伐将越走越远，所拥有的世界也将越来越宽广。

链接：了不起的万户，第一个吃螃蟹的人

人类对太空的探索永远不会止步于浪漫的神话传说和充满激情的诗篇。在古代有很多勇敢的人把了解宇宙、了解太空的欲望化作行动，付诸实践。虽然，有很多勇者在实践的过程中遭遇了挫折，有的甚至付出了生命的代价，但他们探索的行为却流芳千古。

中国明朝时期的万户是人类有历史记载的第一个尝试用火箭飞天的人。他原是木匠，喜好钻研技巧，从军之后，改进过不少刀枪车船，在同瓦剌的战事中屡建奇功，受到大将班背的青睐，要他在兵器局供职，两人相交甚厚。班背性情耿直，从不趋炎附势，因而得罪了右中郎李广太等人，被革去一切职务，并幽禁在拒马河上游的深山鬼谷中。

明朝开国皇帝朱元璋的第四个儿子朱棣，想继位当皇帝。他一方面网罗党羽，扩充兵力；另一方面搜罗各种技艺，献给朱元璋，讨其喜欢。李广太投朱棣所好，知道万户曾经想和班背一起造"飞鸟"（像风筝的飞行器），于是对其软硬兼施，想利用他来为皇上造飞龙。万户表面上同意造飞龙，想趁机营救班背，同时完成造飞鸟的夙愿。

万户去鬼谷与班背会合，但是晚了一步，原来班背已被瓦刺军所害，是李广太暗中给瓦刺军报的信。好在班背先前见势不妙，已经令随从带着他的《火箭书》冲了出去。万户决心造出飞鸟，以实现班背的遗愿。他仔细阅读了班背的《火箭书》，造出了各种各样的火箭，然后画出飞鸟的图形，众匠人按图制造飞鸟。试飞时，飞鸟放在山头上，万户拿起风筝坐在鸟背上。先点燃鸟尾引线，火箭喷火，飞鸟离开山头向前飞去。接着两脚喷火，飞鸟冲向半空。不久，火光消失，飞鸟翻滚着摔在山脚之下，万户的试验最终以失败告终，他为此也付出了宝贵的生命。

万户的想法在那个时代是富有创造性的，作为人类历史上第一次"载人航天"的伟大实践，他所创造的采用捆绑式来解决大推力的设计思想无疑给后人留下了有益的启示。他的基本方法和勇敢精神受到人们的肯定和敬仰。他既考虑到上升的工具也考虑到安全下落的降落伞——风筝，这都是前所未有的。我国"航天之父"钱学森曾惋惜地评价道："万户长眠在鲜花盛开的万家山。当然，他进行的飞天事业停止了。明朝以后，特别是到了近代，我国的科技事业日趋落后，以至备受列强的欺凌。但是，万户开创的飞天事业，得到了世界的公认。美国火箭专家詹姆斯·麦克唐纳称中国的万户为青年火箭专家，是人类第一位进行载人火箭飞行尝试的先驱。他研制的蛇形飞车，也是人类有史以来了不起的发明。"

图1.16　万户造火箭

　　对于月球，对于太空，人类从未停止过探索的脚步，而是一直都梦想揭开其神秘的面纱，拉近它与现实的距离。

　　从远古时代的神话，到中国汉代的张衡，再到 17 世纪后伽利略、牛顿等人的研究都使人类对遥远的宇宙有了进一步的了解。直到 20 世纪，天文学从理论研究方面，正式进入了实践阶段，人类开始踏上认识整个宇宙的神秘之旅。

第二章
探索的历程

地球是人类的摇篮。人类绝不会永远躺在这个摇篮里，而会不断探索新的天体和空间。人类首先将小心翼翼地穿过大气层，然后再去征服太阳空间。

——康斯坦丁·齐奥尔科夫斯基

最初的探索

天文学的起源可以追溯到人类文化的萌芽时代。远古时候，人们为了指示方向，确定时间和季节，就学会观察太阳、月亮和星星在天空中的位置，找出它们随时间变化的规律，并在此基础上编制历法，用于生活和农牧业生产活动。从这一点上来说，天文学是最古老的自然科学学科之一。

公元前 13 世纪的甲骨文中就有日食和月食的记载。那时我们的祖先就已经知道，在我们头顶的天空之外，还有着广阔的世界。那些宝贵的发现，为之后蓬勃发展的天文学打下了基础。在甲骨文《殷契佚存》中有记载："癸酉贞：日夕有食，佳若？癸酉贞：日夕有食，非若？"意思是：癸酉日占，黄昏有日食，是吉利的吗？癸酉日

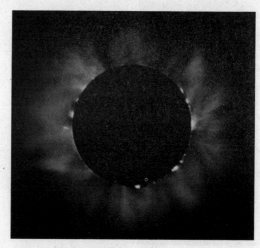

图 2.1　日食

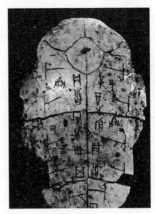

图 2.2　甲骨文（一）　　　　　　　　图 2.3　甲骨文（二）

占，黄昏有日食，是不吉利的吗？这部分记载日食的记录，人们认为是发生在公元前 1200 年左右，比古巴比伦的可靠日食记录（公元前 763 年 6 月 15 日）还要早一些。

早期天文学的内容就其本质来说就是天体测量学。从 16 世纪中期哥白尼（1473—1543）提出日心体系学说开始，天文学的发展进入了全新的阶段。哥白尼的学说使天文学摆脱了宗教的束缚，并在随后的一个半世纪中从主要描述天体位置、运动的经典天体测量学，向着寻求造成这种运动力学机制的天体力学发展。

图 2.4　哥白尼

31

18—19世纪，经典天体力学达到了鼎盛时期。由于分光学、光度学和照相术的广泛应用，天文学开始朝着深入研究天体的物理结构和物理过程发展，诞生了天体物理学。20世纪现代物理学理论和技术高度发展，并在天文学观测研究中找到了广阔的用武之地，使天体物理学成为天文学中的主流学科，同时促使经典的天体力学和天体测量学也有了新的发展，人们对宇宙及宇宙中各类天体和天文现象的认识达到了前所未有的深度和广度。

　　在探索的过程中，很多科学家都为之付出了努力，甚至为之付出了生命的代价。

　　意大利天文学家伽利略（1564—1642）是哥白尼的支持者。1609年，他听说荷兰人发明了望远镜，便独立地研究制造出可以望得更远的天文望远镜。1610年伽利略开始用自己研制的望远镜观察天体，随即发现了一些天象，这使他更加相信哥白尼理论的正确性。

图2.5　伽利略

那时候，凡是不符合教会思想而另有主张的人，便会遭到迫害。意大利思想家布鲁诺（1548—1600）就是因为相信和宣扬哥白尼体系，批判亚里士多德的哲学，抨击罗马教会的腐朽制度，而被处火刑。1616 年，伽利略的仇人从伽利略的书中，摘出他叙述哥白尼理论的一段，向宗教法庭提出控告。法庭宣判说："太阳居于宇宙中心的思想是一种邪说，至于不把地球放在宇宙中心，而认为在运动，虽非邪说，却是谬论。"伽利略因此受到法庭警告，不许再提倡这类学说。

暴风雨过去没有几年，为维护哥白尼的学说，伽利略又写了一部书——《关于托勒密和哥白尼两大世界体系的对话》。这部书出版后，遭到教士们的攻击，并向教会法庭的异端裁判所提出控诉，这部书被列为禁书，伽利略也因此被判处终身监禁。伽利略后被保释，改判为"居家监视"。七十高龄的伽利略仍继续研究工作，直到 1642 年逝世。

图 2.6　布鲁诺被烧死在广场

伽利略去世的那一年，牛顿（1642—1727）在英国诞生。牛顿在大学时接受了哥白尼的理论。牛顿发现了万有引力定律，并写成了一部不朽的巨著《自然哲学的数学原理》。这部书奠定了近代力学的基础，并证明哥白尼的日心体系是一个巨大的力学结构。牛顿证明使天体沿着一定轨道运动的

图 2.7　牛顿

因素是引力，并从引力定律出发将 2000 年间的观测贯串起来，一并加以说明。牛顿的成功摧毁了日心说的一切障碍。18 世纪初，西方各大学开始讲授牛顿和哥白尼的哲学，为人类正确研究天文学指明了正确方向。

链接：天文观测工具——望远镜

天文学上的一切发现和研究成果，离不开天文观测工具——望远镜和望远镜后端的接收设备。在 17 世纪之前，人们尽管已制作了不少天文观测仪器，如在中国有浑仪、简仪等，但观测工作只能靠人的肉眼。1608 年，荷兰人李波尔赛发明望远镜，1609 年伽利略制成第一架天文望远镜，并很快得到了许多重要发现，从此天文学跨入了用望远镜观测、研究天象的新时代。在此后的近 400 年中，人们对望远镜的性能不断加以改进，并且越做越大，越做越精密，以便能观测到

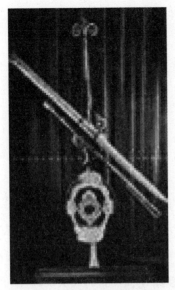

图2.8 伽利略手制的折射望远镜

更暗的天体和取得更高的分辨率。目前世界上最大的光学望远镜的口径已达到10米。

1932年美国人央斯基用他的旋转天线阵观测到了来自天体的射电波，开创了射电天文学。1937年诞生第一台抛物反射面射电望远镜。随着射电望远镜在口径、接收波长和灵敏度等性能上的不断扩展、提高，射电天文观测技术为天文学的发展作出了重要的贡献。目前世界上最大的全可动射电望远镜直径为100米，最大固定式射电望远镜直径达300米。

20世纪后50年中，随着探测器和空间技术的发展以及研究工作的深入，天文观测进一步从可见光、射电波段扩展到包括红外线、紫外线、X射线和γ射线在内的电磁波各个波段，形成了多波段天文学，并为探索各类天体和天文现象的物理本质提供了强有力的观测手段，天文学发展到了一个全新的阶段。

图2.9 德国100米射电望远镜

图2.10 最强大射电望远镜列阵想象图

理论渐趋成熟

　　人类对宇宙的探索从来都没停止过。从 19 世纪末到 20 世纪中叶，在前人理论研究的基础上，科学家们开始勇敢地进行实践探索，并取得了一定的成果。其中火箭飞行原理研究和火箭制造理论的研究，使人类的飞天理论渐趋成熟，为人类进行飞天实践打下了坚实的基础。

　　1883 年，俄罗斯科学家康斯坦丁·齐奥尔科夫斯基（1857—1935）在《自由空间》论文中深入阐述火箭飞行理论，提出宇宙飞船的运动必须利用喷气推进原理，并画出了飞船的草图。

　　1896 年，齐奥尔科夫斯基开始系统地研究喷气飞行器的运动原理，并画出了星际火箭的示意图。1903 年，他发表了《利用喷气工具研究宇宙空间》的论文，深入论证了喷气工具用于星际航行的可行性，其中

图 2.11　火箭之父——齐奥尔科夫斯基

通过计算证明了只有用多级火箭才能飞出地球，首创采用煤油和液态氧等液体燃料代替固体燃料作为火箭推进剂的设计思想，论证了火箭采取流线型的必要性，并画出了火箭结构示意图。他说明了火箭在星际空间飞行和从地面起飞的条件，提出为实现飞往其他行星的设想，必须设置地球卫星式的中间站。从而推导出发射火箭必须遵循的"齐奥尔科夫斯基公式"，他因此被尊为"火箭之父"。

1917 年后，齐奥尔科夫斯基发表了关于多级火箭的论文《太空火箭列车》，研究了喷气式飞机的飞行原理，提出了燃气涡轮发动机的新

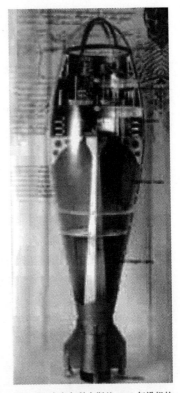

图 2.12　齐奥尔科夫斯基 1903 年设想的飞船模型

方案，及飞行器在行星表面着陆的理论。1929 年提出了多级火箭构造设想。这一富有创见的构想，为研制克服地球引力的运载工具，提供了依据。

齐奥尔科夫斯基是认识到环绕地球轨道飞行的地球卫星和空间站可能实现的第一人。他预言："地球是人类的摇篮。人类决不会永远躺在这个摇篮里，而会不断探索新的天体和空间。人类首先将小心翼翼地穿过大气层，然后再去征服太阳空间。"这句话后来铭刻在他的墓碑上。

链接：齐奥尔科夫斯基的故事

19世纪60年代，俄罗斯有一位小男孩不幸得了猩红热，留下耳聋的后遗症。从此，他无法上学，甚至连小朋友们的游戏也无法参加了。然而，他并不孤独。他蹲在家里，开动脑筋，给自己制作玩具。父母和亲友见他小小年纪，用那一双灵巧的手，制出许多精美的自动玩具。他爱读书爱学习，经常在父亲书房里如饥似渴地阅读着科技书籍。有一次他竟然根据书上一幅简单的插图，制出了一架可以测量森林的古代观象仪。

这个好奇的小男孩就是后来被誉为"火箭之父"和"航天天文学之父"的齐奥尔科夫斯基。他不但创立了惊人的航天科学理论，还写了出色的科幻小说——《太空漫游》《宇宙的召唤》《地球之外》等，这些书描绘了对航天活动的设想和想象。

其中《地球之外》写得非常有趣，它写的是2017年发生的事。20名不同国籍的科学家和工匠乘坐他们自己建造的火箭飞船飞出大气层，进入环绕地球的轨道，处于有趣的失重状态。他们建成了大温室，种出了足够食用的蔬菜水果。他们穿上宇宙飞行衣从飞船里出来，在太空中飘游。然后，飞船又飞向月球，其中的两个人乘一辆四轮车在月球表面着陆，考察一番之后又点燃火箭离去，与在环绕月球的轨道上等候的母船会合。受到这批先驱鼓舞，地球上的人们也大量转移到外层空间，住进环绕地球轨道上的温室住宅。而那20名探险家则继续飞到了火星附近，途中曾在一颗无名小行星上降落。就这样过了许多年，最后，他们成功地返回了地球，重新住进了建在喜马拉雅山上的科学城堡。

齐奥尔科夫斯基最大的贡献在于提出现代航天理论。他充分论证了人类飞向太空的可能性，为航天事业的飞天之路打下了坚实的基础。

随着科技的发展，火箭和航天理论的进一步成熟，火箭制造已进入炙手可热的实践阶段。

赫尔曼·奥伯特（1894—1989）是德国的火箭专家，现代航天学奠基人之一。1923年，奥伯特在他早期的航天科学经典论文《飞往星际空间的火箭》中，论述了空间火箭点火的理论公式和火箭脱离地球引力的方法和要达到的速度，系统论述了研制液体火箭、发射人造卫星和建立空间站等现代航天思想，对早期火箭技术的发展和航天先驱者有较大影响。

奥伯特在继续对火箭理论进行研究的基础上，于1929年发表了第二部航天著作《通向宇宙空间飞行之路》。他在书中不仅详细阐述了载人飞船及其发射飞行

图 2.13　赫尔曼·奥伯特

图 2.14　1942 年 10 月 3 日，V-2 导弹发射成功

原理，还预见到电推进火箭和离子火箭的发展。

奥伯特的主要贡献是理论上的，他建立了下列条件之间的理论关系：燃料消耗、燃气消耗速度、火箭速度、发射阶段重力作用、飞行延续时间和飞行距离等。这些关系对于火箭的设计是最基本的因素。作为一个理论家，奥伯特影响了整整一代工程师。在20世纪二三十年代，他把欧洲大部分火箭研究者团结在自己周围，并与他们一起从事火箭研制和发射的实践，取得了许多重要成果。他的《飞往星际空间的火箭》和《通向宇宙空间飞行之路》等著作，至今仍然被认为是宇宙航行的经典理论。

赫尔曼·奥伯特的火箭理论，把火箭制作推入实践阶段，让世界航天事业进入了飞速发展时代。

齐奥尔科夫斯基和赫尔曼·奥伯特这两位科学家虽然进行的都是理论研究，但他们的研究就像强劲的纽带一样，为后人的实践提供了精准的理论依据，使人类的航天事业水到渠成地步入实践阶段；他们的研究成果像催化剂一样，推动着航天事业的飞速发展。

链接：赫尔曼·奥伯特的故事

奥伯特12岁时，受凡尔纳科幻小说《从地球到月球》的影响，迷上了星际旅行。1913年他在慕尼黑学医学，在第一次世界大战期间中断了学业。

从1919年开始，奥伯特认真钻研物理，他阅读了所有他能找到的关于火箭和宇宙航行的著作，其中包括齐奥尔科夫斯基的著作。1922年他向海德堡大学提交了题为《飞往星际空间的火箭》的论文。虽然有粗糙的科学数据来显示其可能性，但论文被断定是不切实际的。

从1924年到1938年，奥伯特在特兰西瓦亚的一所中学里教数学和物理，但他对火箭的兴趣没有丝毫减退。当时有一部电影《月宫女郎》需要一架火箭，为此导演找到奥伯特，希望他能制作一个。虽然这个计划最终没有完成，但它却激发起了一批天才人物的想象力。1927年，一批热情的支持者成立了星际航行协会。

奥伯特虽然没有直接参与发展后来的A-4火箭发动机，也就是著名的V-2导弹，但A-4火箭却完全是以他的理论框架为基础的。战后，奥伯特留在德国，并回到他的家乡住了一段时间。1951年，他离开德国到美国与布劳恩合作，共同为美国空间规划努力。这期间他写了两本书，一本是对10年内火箭发展的可能性作展望，另一本谈到了人类登月往返的可能性。1960年奥伯特退休后回到德国，大部分时间用来思考哲学问题，这也许是许多德国科学家的习惯。奥伯特于1989年12月去世，享年95岁。

- -

初探太空

20 世纪 50 年代，有一个世界公认的基本思想：哪个国家第一个成功地建立永久性宇宙空间站，它就能控制整个地球。

奥伯特的学生、导弹之父冯·布劳恩（1912—1977）向美国人描述了洲际导弹，潜艇导弹、太空镜和可能的登月旅行。他曾设想建立一个能经常载人、并能发射核导弹的宇宙空间站。

1957 年 10 月 4 日，苏联成功发射人造卫星一号——第一颗进入环绕地球轨道运行的卫星。而当时美国的卫星计划也还在制定之中。1958 年美国成立了国家航空航天局（National Aeronautics and Space Administration，简称 NASA），并于同年发射了第一颗卫星"探险者号"。

图 2.15　苏联发射的人造地球卫星一号

从此美苏两个大国展开了一场长达数十年的"太空优势"竞争。

1961 年，苏联航天员加加林（1934—1968）成为进入太空的第一人。苏联人用他说明，在天上飞来飞去的并不是天使，也不是上帝。

1962 年，约翰·格伦成为进入地球轨道的第一位美国人。

1961 年 5 月 25 日，美国总统肯尼迪说："在 60 年代结束之前，我们要把人送上月球，并让他安全返回地球。"为此，美国人制订了需要花费 250 亿美元的"阿波罗"登月计划，登

图 2.16　我国发射的第一颗人造地球卫星——"东方红一号"

月竞争就此展开。在"阿波罗"计划达到高潮时，共有 50 万人参与了这个行动。为了节省时间，NASA 把起飞试验的次数限制到了最低点。工夫不负有心人，1968 年 12 月，"阿波罗 8 号"成功地围绕月球飞行，航天员在这年的圣诞节向人类奉送了《创世纪》中的诗句。

1969 年 7 月 20 日，"阿波罗 11 号"幸运地在月球上降落，美国人阿姆斯特朗成为第一个在月球上留下脚印的人。这成为 20 世纪第一次通过电视对全球转播的事件。从这以后，美国人先后 6 次成功地登上月球，带

图 2.17　美国国家航空航天局标志

回了400千克月球岩石，但至今科学界仍然不知道月球是如何形成的。而差点酿成一场灾难的"阿波罗13号"使NASA担心再次遭到失败，因此最后3次"阿波罗"任务被削减掉了。美国的"阿波罗"计划就此告终。

在登月行动中，苏联处于落后地位。苏联1963年12月3日制订了飞向月球的载人飞行计划。但飞船的研制进展异常缓慢。

1967年4月23日，苏联的弗拉基米尔·科马罗夫驾驶着未完全建造好的"联盟号"升上太空。24小时后，因为返回地球着陆时主降落伞没有弹出来，航天员遇难身亡。1968年10月，发射了无人驾驶的"联盟2号"，格奥尔基·别列戈沃伊本应当乘次日发射的"联盟3号"上天，与其对接，但别列戈沃伊没有能够通过手动完成对接。

链接：世界航天第一人——尤里·阿列克谢耶维奇·加加林

每年4月12日，一位叫瓦莲金娜的老妇人总会在亲朋的簇拥下，穿过排排苍松翠柏，缓步走向克里姆林宫红墙的深处。那里埋葬着她的丈夫尤里·阿列克谢耶维奇·加加林——人类进入太空的第一人（1934—1968）。她带来了妻子的眷恋和亲人的思念，也带来了全世界人民对这位英雄的一片崇敬之情。

飞 天

1961年4月12日清晨，加加林被医生从梦中叫醒。他迅速吃了一顿特别

图2.18 加加林

的早餐，便穿上航天服前往发射台。身穿橙黄色航天服、头戴乳白色头盔的加加林走下汽车，向现场领导小组举手敬礼并报告："国家委员会主席同志，飞行员加加林准备乘世界上第一艘载人飞船飞行。"接着，他们热情拥抱。然后加加林向记者们发表了简短讲话，向送行的人们挥手致意，最后登上了发射塔最顶端的平台。

图 2.19　加加林和苏联"航天之父"谢尔盖·科罗廖夫在一起

宇宙飞船舱内的电视荧光屏上出现了加加林的影像。他面带笑容，神采奕奕。开始 30 分钟准备！10 分钟准备！2 分钟准备！所有的人都屏息不动，似乎空气也要凝固了。

图 2.20　1961 年 4 月 12 日，加加林在飞船起飞前向人们挥手告别

"预备——点火！"一声令下，莫斯科时间 9 时 07 分，火箭徐徐升起。与此同时，透过发动机的轰隆声，清晰地传来加加林激动的道别声："出发了。""东方 1 号"飞船载着加加林进入了人造地球卫星轨道。人类航天时代开始了。

加加林躺在飞船的弹射坐椅上，向地面描述人类从未见到过的情景："我能清楚地分辨出大陆、岛屿、河流、水库和大地的轮廓。我第一次亲眼看到地球表面的形状，地平线上呈现出一片异常美丽的景

图 2.21　飞行前的加加林和谢尔盖·科罗廖夫握手

图 2.22　加加林与妻子瓦莲金娜、女儿叶琳娜在一起

色，淡蓝色的晕圈环抱着地球，与黑色的天空交融在一起。天空中，群星灿烂，轮廓分明。当我离开地球黑夜的一面时，地平线变成了一条鲜橙色的窄带，这条窄带接着变成了蓝色，然后又变成了深黑色。"

　　"东方 1 号"飞船载着加加林以 2.72 万千米 / 时的速度飞驰，越过苏联、印度、澳大利亚和太平洋上空，环绕地球运行。当他在离地330 千米的高空飞行了 108 分钟，即绕地球飞行一圈后，便按计划安全返回了地面。飞行虽然短暂，但它开辟了人类通向宇宙的道路。加加林成为世界上第一位飞上太空的航天员。

　　训　练

　　1957 年 10 月，第一颗人造地球卫星发射成功后，苏联在以后 3 年多的时间内又发射了 3 颗人造地球卫星。从发射第二颗人造卫星起，苏联就为载人飞行做准备，曾先后 5 次把小狗送上了太空，用以检验航天对生物机体的影响。这为载人飞行打下了基础。

苏联早在1959年就开始挑选航天员，专家们的足迹几乎遍及所有空军部队。他们从2000个飞行员的档案中精选出200名候选人。经过层层严格筛选，医生无情地淘汰了180人，只剩下了20名候选人。只是在此时，这20名未来的航天员才被告知国家要实施载人宇宙飞行计划。航天员们开始进行异常严格的专门训练：失重、剧烈

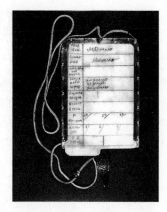

图2.23　加加林在"东方"1号载人航天飞行中使用的笔记本

震荡、耐高温等，并要连续几个星期住在封闭舱内。经过严格的训练、筛选和淘汰，最后只剩下6人。加加林就在其中。在发射载人宇宙飞船前4天才选中加加林，预备航天员是季托夫。加加林之所以被选中，是因为他的准备工作最出色。而且当时的苏联领导人特别强调候选人的个人素质，谁最能代表国家的形象，谁的外表更受看，谁的微笑更迷人等都成为考虑的因素。飞船总设计师谢尔盖·科罗廖夫说，加加林集"天生的勇敢、善于分析的头脑、吃苦耐劳和谦虚谨慎"于一身。

当时，载人太空飞行在许多方面都是未知数。良好的身体素质与心理素质以及能否胜任沉重的工作压力等，都是对航天员的重要考验。经过3个月严格艰苦的地面训练和模拟试验，终于迎来了发射的日子。从领导到普通工作人员，人人都捏了一把汗。只有一个人最为镇定，这便是即将升空的加加林。直到发射前一秒，他的脉搏一直维持在每分钟64次左右，这令医生们吃惊不已。

长期以来一直有人在问，为何1号航天员单单选中了他？首批航天员队的领导之一卡尔诺夫是这么回答的："因为加加林具备了如下无可争辩的品格：坚定的爱国精神、对飞行成功的坚定信念、优秀的体质、乐观主义精神、随机应变的智能、勤劳、好学、勇敢、果断、认真、镇静、纯朴、谦逊和热忱。"

后来，第一批20名航天员中有12人成功地完成了太空之旅。加加林本人却十分烦恼，他感觉自己变成了"橱窗"。他渴望有机会能重返太空，但苏联国家领导人决定保护1号航天员。1965年，加加林终于获准参加第二次太空飞行的准备工作。1967年3月23日，加加林被批准为"联盟1号"宇宙飞船机长卡马罗夫的预备航天员。加加林没有被荣誉冲昏头脑，他仍然坚持训练，紧张地准备第二次太空之行。1967年4月，加加林进入茹科夫斯基航空工程学院学习，并出色地完成了毕业设计，学院推荐他到高等军事学院研究生院当函授生。后来，加加林还当选了最高苏维埃的代表、苏联列宁共产主义青年团委员会委员、苏联古巴友协主席等。

　　加加林是在驾驶喷气式双座飞机进行训练时坠机身亡的，当年年仅34岁。为了纪念加加林，其骨灰被安葬在克里姆林宫墙壁龛里，他的故乡格扎茨克被命名为"加加城"，他训练所在的航天员训练中心也以他的名字命名。为纪念加加林首次进入太空的壮举，俄罗斯把每年的4月12日定为航天节，在这一天举行隆重的纪念活动，缅怀这位英雄人物。国际航空联合会设立了加加林金质奖章。月球背面的一座环形山也是以他的名字命名的。加加林成为宇宙时代的象征。

图2.24　加加林的航天服

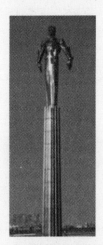

图2.25　莫斯科的加加林铜像

探索的延续

20世纪70年代后，空间站的建立又成为世界航天史上的热门。

空间站是一种在近地轨道长时间运行，可供多名航天员在其中生活工作和巡访的载人航天器。小型的空间站可一次发射完成，较大型的可分批发射组件，在太空中组装成为整体。空间站的基本组成以一个载人生活舱为主体，再加上有不同用途的舱段，如工作实验舱、科学仪器舱等。

初期的空间站

苏联在登月竞赛失利之后，把精力集中于装配载人空间站。苏联的第一代空间站为"礼炮号"系列，是世界上最早建立的轨道空间站。

1971年第一个空间站"礼炮1号"被送入轨道，与其对接的"联盟11号"飞船在返航途中由于压力阀提前打开，导致3名航天员丧生。之后，苏联"礼炮2号""礼炮3号""礼炮4号"和"礼炮5号"等空间站相继被成功送于轨道，与"联盟号"载人飞船对接。在此类空间站上，航天员连续停留最长的时间为63天。

图 2.26 "礼炮号"空间站　　　　　图 2.27 "礼炮号"训练舱

走向成熟的空间站和航天飞机

第二代空间站为"礼炮6号"和"礼炮7号"。它们的对接口增加到两个，可同时把载人和载货用的飞船分开，载人用"联盟号"，载货用"进步号"货运飞船。

苏联的"礼炮7号"轨道科学站于1982年4月19日发射，全长约15米，重约20吨，前后各有一个与飞船对接的舱口，可同时与两艘飞船对接。"礼炮7号"备有变轨发动机，能提高轨道高度，保证长期运行，并拥有3个密封舱和2

图 2.28 "和平号"空间站

个非密封舱。密封舱的最大直径为4米多，舱内明亮、舒适、供水充足，保证航天员长时间在空间站停留。"礼炮7号"在总共4年多的飞行中，先后有10批国内外航天员在站上工作，累计800余天，获得大量科学资料和图片，并生产出第一批太空制造的优质单晶。其中最

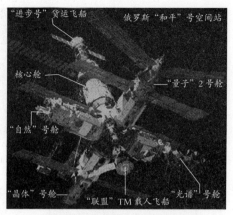

图2.29　"和平号"空间站结构图

长的一次是1984年由基齐姆、索洛维约夫和阿季科夫组成的3人乘员组连续飞行237天，创航天史上载人飞行的最高纪录。1986年8月，"礼炮7号"轨道站停止载人飞行，它与相接的"宇宙1686号"卫星联合体转入更高的轨道上运行。

20世纪80年代，苏联的第三代空间站"和平号"轨道站使其航天活动达到高峰。被誉为"人造天宫"的"和平号"，于1986年2月20日发射上天，是迄今为止人类在近地空间能够长期运行的唯一载人空间轨道站。它与其相对接的"量子1号""量子2号""晶体"舱、"光谱"舱、"自然"舱等舱室形成一个重达140吨、工作容积400立方米的庞大空间轨道联合体。在这一"太空小工厂"相继考察的苏联和外国航天员有106名，进行的科考项目多达2.2万个，重点项目600个。

在"和平号"上进行的最吸引人的实验是——延长人在太空的逗留时间。延长人在空间站的逗留时间，是人类飞出自己的摇篮地球、迈向火星等天体最为关键的一步。要解决这一难题，需克服失

图 2.30 "和平号"与航天飞机对接

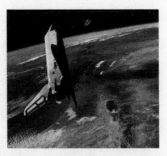

图 2.32 "暴风雪号"航天飞机

图 2.31 "哥伦比亚号"航天飞机矗立在发射架上

图 2.33 "暴风雪号"矗立在发射架上

图 2.34 "暴风雪号"结构示意图

重、宇宙辐射及人在太空所产生的心理障碍等。前苏联航天员在这方面取得重大进展，其中航天员波利亚科夫在"和平号"上创造了单次连续飞行438天的纪录，这不能不被视为20世纪航天史上的一项重要成果。另外，苏联还在轨道站上进行了诸如培养鹌鹑、蝾螈和种植小麦等大量的生命科学实验。

图2.35 准备国际空间站材料试验

图2.36 在国际空间站的俄美部段检查更换机器硬件

1981年4月，美国第一架航天飞机"哥伦比亚号"起飞，全美国都为之骄傲。此后，美国的航天飞机频繁起飞，完成了不少太空任务，比如卫星发射、太空实验等。而苏联在1988年11月15日，才成功地发射了第一架航天飞机"暴风雪号"，这架航天飞机只能在无人驾驶状态下升空。

国际空间站

国际空间站属于第四代空间站。国际空间站工程耗资600多亿美元，是人类迄今为止规模最大的载人航天工程。它从最初的构想和最后开始实施，既是当年美苏竞争的产物，又是当前美俄合作的结果。

在苏联解体后，1993年克林顿政府提出，将"自由号"空间站计划由美国独自建造改为国际合作建设，把美国在航天领域内的对手俄罗斯拉进来，再联合日本、欧洲航

图 2.37　在国际空间站上进行舱外活动

天局及加拿大等作为伙伴共同筹建。经过 5 年准备，国际空间站于 1998 年底正式"开工"兴建。

国际空间站计划的实施分 3 个阶段进行。第一阶段为准备阶段（1994—1998），主要是送美国航天员到"和平号"空间站工作，训练美国航天员在空间站上的生活和工作能力。第二阶段为初期装配阶段（1998—2001），主要内容是建立国际空间站的核心部分，使空间站拥有初始的载人能力（3 人）。第三阶段为最后装配及应用阶段（2002—2010），主要内容是完成国际空间站的装配，达到 6~7 人长期在轨工作的要求。

国际空间站完工后，将由 6 个实验舱（美国 1 个、欧洲航天局 1 个、俄罗斯 3 个）、1 个居住舱、2 个连接舱、服务系统及运输系统等组成，是一个长 88 米、重约 430 吨的庞然大物，站上居住舱容积为 1200 立方米。它将作为科学研究和开发太空资源的手段，为人类提供一个长期在太空轨道上进行对地观测和天文观测的机会。

在对地观测方面，国际空间站比遥感卫星要优越。首先它是有人参与到遥感任务之中，因而当地球上发生地震、海啸或火山喷发等事件时，在站上的航天员可以及时调整遥感器的各种参数，以

获得最佳观测效果；当遥感器等仪器设备发生故障时，又可随时维修到正常工作状态；它还可以通过航天飞机或飞船更换遥感仪器设备，使新技术及时得到应用而又节省经费。用它对地球大气质量进行监测，可长期预报气候变化。在陆地资源开发、海洋资源利用等方面，也都会从中受益。国际空间站在天文观测上要比其他航天器优越得多，是了解宇宙天体位置、分布、运动结构、物理状态、化学组成及其演变规律的重要手段。因为有人参与观测，再加上空间站在太空的活动位置和多方向性，以及机动的观察测定方法，因而可充分发挥仪器设备的作用。通过国际空间站，天文学家不仅能获得宇宙射线、亚原子粒子等重要信息，了解宇宙奥秘，而且还能对影响地球环境的天文事件（如太阳耀斑、暗条爆发等）作出快速反应，及时保护地球，保护在太空飞行的航天器及其成员。

美、俄等 15 国联手建造国际空间站，预示着一个各国共同探索和和平开发宇宙空间的时代即将到来。

"路漫漫其修远兮，吾将上下而求索。"人类对太空的探索永远没有止境。随着科技的发展，人类能将飞天的梦想从理论变为现实，也能将探索宇宙的步子迈得更远，去探索那未知的、更为神奇的世界。也许，在不久的将来，太空旅行、星际移民都将成为平常事。

图 2.38　国际空间站（一）

图 2.39　国际空间站（二）

图 2.40 国际空间站（三）

图 2.41 国际空间站（四）

图 2.42 国际空间站拍摄的地球照片

图 2.43 国际空间站里的小便池

链接：国际空间站的 16 批 "居民"

第一批 "居民"

国际空间站第一批航天员长期考察组包括 3 名成员：国际空间站指令长威廉·希菲尔德、"联盟号"飞船指令长尤里·吉德津科和飞行工程师谢尔盖·克里卡廖夫。3 人于 2000 年 10 月 31 日乘"联盟号"飞船从哈萨克斯坦拜科努尔航天发射场升空，11 月 2 日到达国际空间站，2001 年 3 月 18 日离开国际空间站，21 日返回地球。太空停留时间为 136 天 17 小时 9 分。

第二批 "居民"

国际空间站第二批航天员包括 3 名成员：国际空间站指令长尤

图 2.44 第一批人员

里·乌萨切夫、飞行工程师詹姆斯·沃斯和女飞行工程师苏珊·海尔姆斯。3 人于 2001 年 3 月 8 日乘"发现号"航天飞机进入太空，3 月 10 日到达国际空间站，2001 年 8 月 20 日离开国际空间站，22 日返回地球。太空停留时间为 147 天 16 小时 43 分。

图 2.45 第二批人员及标志

第三批"居民"

国际空间站第三批航天员长期考察组包括 3 名成员：国际空间站指令长弗兰克·卡尔特森、飞行工程师弗拉基米尔·德朱若夫和"联盟号"飞船指令长米凯尔·图林。3 人于 2001 年 8 月 10 日乘"发现号"航天飞机进入太空，8 月 12 日到达国际空间站，2001 年

图 2.46　第三批人员及标志

12 月 15 日离开国际空间站，17 日返回地球。太空停留时间为 117
天 2 小时 56 分。

第四批"居民"

国际空间站第四批航天员长期考察组包括 3 名成员：国际空间
站指令长尤里·奥努夫里延科、飞行工程师弗拉基米尔·德朱若夫
和卡尔·E·沃尔兹。3 人于 2001 年 12 月 5 日乘"奋进号"航天飞
机进入太空，12 月 7 日到达国际空间站，2002 年 7 月 15 日离开国
际空间站，19 日返回地球。国际空间站停留时间为 181 天 0 小时
44 分。

图 2.47　第四批人员及标志

第五批"居民"

国际空间站第五批航天员长期考察组包括 3 名成员：国际空间
站指令长瓦列里·科尔尊、飞行工程师佩吉·惠特森（女）和谢尔

图 2.48　第五批人员及标志

盖·特雷切夫。3 人于 2002 年 6 月 5 日乘"奋进号"航天飞机进入太空，6 月 7 日到达国际空间站，2002 年 12 月 2 日离开国际空间站，7 日返回地球。国际空间站停留时间为 171 天 3 小时 33 分。

第六批"居民"

国际空间站第六批航天员长期考察组包括 3 名成员：飞行工程师唐纳德·佩蒂、国际空间站指令长鲍尔索克斯和布达林。3 人于 2002 年 11 月 23 日乘"奋进号"航天飞机进入太空，11 月 25 日到达国际空间站，2003 年 5 月 3 日离开国际空间站，同日返回地球。

图 2.49　第六批人员及标志

第七批"居民"

国际空间站第七批航天员长期考察组包括 2 名成员：国际空间

站指令长尤里·马连琴科和华裔飞行工程师卢杰。两人于 2003 年 4 月 25 日乘"联盟号"飞船进入太空，4 月 28 日到达国际空间站，2003 年 10 月 27 日离开国际空间站，同日返回地球。

图 2.50　第七批人员及标志

第八批"居民"

国际空间站第八批航天员长期考察组包括 2 名成员：国际空间站指令长迈克尔·福乌尔和飞行工程师亚历山大·卡勒里。两人于 2003 年 10 月 18 日乘"联盟号"飞船进入太空，10 月 20 日到达国际空间站，他们于 2004 年 4 月 29 日离开空间站，同日返回地球。

图 2.51　第八批人员及标志

第九批"居民"

负载"联盟 -TMA-4"号飞船的"联盟 -FG"运载火箭于莫斯

科时间 2004 年 4 月 19 日 7 时 19 分在哈萨克斯坦拜科努尔航天发射场启程前往国际空间站。国际空间站的"远征九队"的 3 位勇士，包括俄罗斯人戈纳迪·帕达尔卡、美国人迈克尔·费克和欧洲航天局的荷兰籍航天员安德烈·凯佩尔斯。

图 2.52　第九批人员及标志

第十批"居民"

莫斯科时间 2004 年 10 月 14 日 7 时 6 分（北京时间 10 月 14 日 12 时 6 分），第十批国际空间站探险队员在拜科努尔航天发射场搭乘"联盟 TMA-5 号"载人飞船飞往国际空间站。本次"联盟 TMA-5 号"飞船共载 3 名乘客，一位是华裔指挥员焦立中，一位是随机工程师沙利让·沙里波夫，还有一位国际空间站观光客尤里·沙尔金（他在空间站上观光一周并同在国际空间站上工作的第九批队员一起返回地面）。

图 2.53　第十批人员及标志

第十一批"居民"

2005 年 4 月 14 日，太阳在西伯利亚荒凉的大草原上升起的时候，一枚俄罗斯联盟火箭呼啸着进入太空，飞船载着美国、俄罗斯和意大利的 3 名航天员前往国际空间站。在哥伦比亚航天飞机失事两年以来，俄罗斯的太空船是运送新科学家和补给到空间站的唯一的生命线。俄罗斯航天员克里卡廖夫（他曾经是空间站首批居民之一）和美国航天员菲利普斯将作第十一批"居民"在空间站居住 172 天，而同行的意大利航天员则和空间站第十批"居民"一起返回地球。

图 2.54　第十一批人员及标志

第十二批"居民"

2005 年 10 月 1 日发射"联盟 TMA-7 号"载人飞船，载着托卡

图 2.55　第十二批人员及标志

列夫和麦克阿瑟抵达国际空间站，他们是空间站第十二批长期考察组航天员，他们将接替此前已经在空间站上工作了172天的俄罗斯航天员克里卡廖夫和美国航天员菲力普斯。

第十三批"居民"

俄罗斯"联盟TMA-8号"载人飞船于2006年3月30日在哈萨克斯坦境内拜科努尔发射场升空，3名航天员将被送往国际空间站。飞船在当地早上6时30分发射，于4月1日和国际空间站自动对接，其中2名航天员维诺格拉多夫和威廉姆斯来自俄罗斯和美国，他们是国际空间站第十三批长期考察组成员，会在国际空间站工作约半年，另一名巴西航天员只在空间站上短期考察，他于4月初乘坐俄"联盟TMA-7号"飞船返回地球。乘坐飞船返回地面的还有国际空间站第十二批长期考察组航天员俄罗斯航天员托卡列夫和美国航天员麦克阿瑟。

图2.56　第十三批人员及标志

第十四批"居民"

莫斯科时间2006年9月18日8时9分，俄罗斯"联盟TMA-9号"飞船于哈萨克斯坦拜科努尔航天发射中心发射成功。俄罗斯航天员米哈伊尔·秋林、美国航天员迈克尔·罗别斯·阿列格里亚是第十四批居民。世界首位女太空游客和俄美2名航天员搭乘俄罗斯"联盟号"载人飞船升空，飞赴国际空间站。他们于莫斯科时间2007年4月21日16时31分，着陆于哈萨克斯坦东北部城市杰兹卡兹甘以北135千米处的草原，平安回家。

图 2.57　第十四批人员及标志

第十五批"居民"

"联盟 TMA-10 号"载人飞船已于莫斯科时间 2007 年 4 月 7 日 21 时 31 分从拜科努尔航天发射场升空，启程前往国际空间站。国际空间站第十五批长期考察组的主要成员有俄罗斯航天员费奥多尔·尤尔奇欣和奥列格·科托夫。科托夫是俄罗斯的第 100 位飞上太空的航天员。他们在太空工作了 196 天。乘俄罗斯"联盟 TMA-11 号"飞船于 2007 年 10 月 21 日返回地球。

图 2.58　第十五批人员　　　图 2.59　美国女航天员佩吉·惠特森

第十六批"居民"

莫斯科时间 2007 年 10 月 10 日 17 时 22 分，马来西亚首位航天员和俄美 2 名航天员搭乘俄罗斯"联盟 TMA-11 号"飞船升空，前往国际空间站。发射是在哈萨克斯坦境内的拜科努尔发射场进行的。飞船搭载的俄罗斯航天员尤里·马连琴科和美国女航天员佩吉·惠特森是国际空间站第十六批长期考察组成员，他们要在空间站内工作半年。同行的马来西亚首位航天员谢赫·穆扎法尔·舒库尔将在空间站工作 11 天，然后与空间站第十五批考察组 2 名航天员一道返回地球。"联盟 TMA-11 号"飞船于莫斯科时间 12 日 18 时 52 分与国际空间站对接。于 2007 年 10 月 21 日返回地球。

图 2.60　第十六批人员及标志

链接：人类的老朋友——"哈勃"太空望远镜

18 年来（1990—2008），随着我们不断增进对宇宙的了解，有一个名字也应该永远被我们铭记，那就是"哈勃"（Hubble Space Telescope，简称 HST）。可以说，没有"哈勃"太空望远镜，就没有我们今天对宇宙的认知。面对这位即将"退役"的功勋卓著的老朋友，就让我们一起来听听"哈勃"望远镜的故事，一起去见证它的成功与辉煌，一起去感受它的苦涩与无奈。

图 2.61 "哈勃"望远镜　　　　图 2.62 "哈勃"望远镜优雅地漂浮在太空

欲览星河上九霄——"哈勃"诞生记

18 世纪，望远镜已经成为人类观测宇宙必不可缺少的工具。但是到了 20 世纪初，人们越来越发现，地球大气层对天文观测构成的障碍以及地面望远镜只能在夜间工作、无法连续对天体进行观测等致命的弱点，已经无法满足人类探索宇宙的需求。在这样的背景下，建立太空望远镜的想法应运而生。而我们的故事，就从这里讲起。

1946 年，普林斯顿的天文学家莱曼·斯皮策提出，要想更好地观测宇宙，首先要冲出地球的大气层。1962 年，太空望远镜的构想初具雏形。大约 10 年后，建立太空望远镜的计划正式提出，当时它被称为"大规模望远镜"。

1977 年，美国国会正式批准了这项计划，并将其更名为"哈勃"太空望远镜，以纪念美国著名的天文学家埃德温·哈勃。哈勃是"星系天文学之父"和观测宇宙学的奠基人，他确定了银河系之外还存在着河外星系，并证明宇宙处于不断地膨胀之中，这一里程碑式的发现促使爱因斯坦修改了他的宇宙学方程，并最终引出了关于宇宙起源的"大爆炸"理论。20 世纪 50 年代，诺贝尔委员会已经决定将物理学奖颁发给哈勃，不幸的是，死神的不期而至让哈勃与诺贝尔奖擦身而过。因此，将这第一台太空望远镜命名为"哈勃"，就成了对大师最好的纪念。

然而，"哈勃"望远镜自从名字诞生的那天起，就开始了它历经磨难的上天之路。1981 年 4 月 12 日，美国第一架航天飞机"哥伦比亚号"发射成功，但"哈勃"的研制进程却因预算和技术问题被推迟。直到 1985 年，"哈勃"望远镜才制造完成。然而，一年后"挑战者号"航天飞机失事、航天飞机停飞 3 年的禁令，又使得"哈勃"的升空计划一拖再拖。

直到 1990 年，"哈勃"才终于等到了飞天的日子。那一年的 4 月 25 日清晨，"哈勃"太空望远镜在世人的瞩目下，由"发现号"航天飞机发射升空。随着"哈勃"望远镜成功进入预定轨道，人类探索宇宙的历史，也从此翻开了崭新的一页。

辉煌荣耀 18 年，改变人类宇宙观

"哈勃"望远镜的升空，开辟了天文观测的黄金时代。作为迄今为止全世界唯一的可见光太空望远镜，"哈勃"就像星云世界里的一名舵手，始终孜孜不倦地为我们指引着方向。18 年来，"哈勃"发回了大量珍贵图片，一次又一次地向人们展现着绚丽的宇宙天体，为天文学家更深入地了解宇宙提供了前所未有的丰富资料。

"哈勃"太空望远镜看起来像一个 4 层楼高的圆筒，其主体长 13.3 米，镜筒直径 4.3 米，两块大约 12 米长的太阳能电池翼板伸展在镜筒两侧，重 11.6 吨，造价近 30 亿美元。"哈勃"望远镜以每小时 2.8 万千米的速度，沿距地面 590 千米的太空轨道运行，默默地窥探着太空的秘密。

"哈勃"太空望远镜是一个完整的性能卓越的空间天文台，也是有史以来最大、最精确的太空望远镜。它上面的广角行星相机可拍摄到几十到上百幅恒星照片，其分辨率是地面望远镜的 10 倍以上，观测能力相当于从美国东海岸的华盛顿看到位于美国西海岸洛杉矶的好莱坞标志牌和星光大道上的名字。

"哈勃"望远镜最初的使命是测定哈勃常数。通过测定哈勃常数，科学家估算出了宇宙的大致年龄是 137 亿年；"哈勃"望远镜上的超级摄谱仪向人们揭示了超新星的化学成分；"哈勃"望远镜还发现了星系间物质流动和物质被吸入黑洞的证据，黑洞的发现被看成是物理学、天文学的一个里程碑；而被天文物理学家们认为具有推动宇宙膨胀力量的"暗物质"，也是"哈勃"望远镜首先发现的。同

时，"哈勃"望远镜还证实了自宇宙"大爆炸"以来，宇宙膨胀的速度并没有减慢，而且永远不会停止。

"哈勃"太空望远镜其他重要的发现：

——发现两个星系的碰撞；

——发现行星状星云；

——发现恒星诞生和灭亡的过程；

——发现蟹状星云；

——发现 SL-9 彗星与木星相撞。

这一系列的伟大发现，是人类天文事业上一个个辉煌的胜利。有人这样评价"哈勃"："自从 1610 年伽利略将他自制的望远镜转向太空以来，还没有任何东西像'哈勃'望远镜一样，如此根本性地改变了人类对宇宙的理解。"

第一次修复

第一次"哈勃"望远镜维修任务——STS—61 是航空事业发展至 1993 年 11 月为止所计划的最复杂的航天飞机任务。1993 年 12 月 2 日发射的"奋进号"航天飞机上的船员被要求进行 5 次太空行走来修理"哈勃"。航天员马斯格雷夫抓住"哈勃"上的一个栏杆，进行了 NASA 历史上时间第二长的太空行走，接近 8 个小时。任务的高度成功证明航天飞机航天员有能力修复轨道中的卫星，并且使得"哈勃"继续探索宇宙。进一步的"哈勃"维修任务计划在 1997 年。

第二次修复

1997 年 2 月 11 日凌晨，美国 7 名航天员搭乘"发现号"航天飞机升空，对在太空飞行了 7 年的"哈勃"太空望远镜进行改造。

从 13 日深夜到 18 日凌晨，航天员进行了 5 次太空行走，为"哈勃"更换了包括近红外照相机、多目标分光仪和太空望远镜图像摄谱仪等在内的 11 种新设备，并修补了望远镜上部分剥落的绝缘层。19 日凌晨，航天员将改造一新的"哈勃"重新释放到太空。21 日凌晨，美国航天员顺利返回地面。

自美国"哈勃"太空望远镜 1990 年发射升空以来，共有 20 多个国家的 2000 多名科学家利用这只"太空眼"进行了 11 万多次天文观测，并在分析观测数据的基础上撰写了 1346 篇论文。

以下是设计寿命 15 年的"哈勃"太空望远镜在前 7 年服役期间取得的主要成就：①增进了人类对宇宙大小和年龄的了解；②证明某些宇宙星系中央存在超高质量的黑洞以及多数星系的中心都可能存在黑洞；③在可见光谱范围内，对宇宙进行了最深入的研究，观察了数千个星系，探测到了宇宙诞生早期的"原始星系"，使天文学家有可能跟踪研究宇宙发展的历史；④清楚展现了银河系中类星体这种最明亮的天体存在的环境；⑤更清晰地阐述了恒星形成的不同过程；⑥对宇宙诞生早期恒星形成过程中重元素的组成进行了研究，这些元素是行星和生命存在的必要条件；⑦展示了死亡恒星周围气体壳的复杂组成；⑧对猎户星云中年轻恒星周围的许多尘埃进行了探测，说明地球所在的银河系还有可能形成其他行星系统；⑨对千载难逢的彗木相撞进行了详细观测；⑩对火星等太阳系行星上的气候进行了研究；⑪发现木星卫星木卫二和木卫三的大气层中存在氧气。

第三次修复

美国"发现号"航天飞机 2 名航天员于 1999 年 12 月 24 日完成第三次太空行走，并顺利为"哈勃"望远镜完成所有维修工作，将这个太空望远镜的寿命延长 10 年。

航天员史密斯和格鲁斯费尔德 24 日在长达 8 小时 8 分钟的出舱活动中，为"哈勃"望远镜安装了三个用来瞄准星体的导航传感器，以及安装一个新的无线电收发机、一台数据记录器和一个用来保护免受太阳热力伤害的护罩。

"发现号" 1999 年 12 月 19 日升空，机上太空人分别在 22 日、23 日及 24 日进行三次太空漫步，为"哈勃"更换了 6 个陀螺仪，以及安装了新的神经系统——一台 486 电脑。与原来的 386 相比，新系统的速度快了 20 倍，记忆体增加 6 倍，可大大提高"哈勃"追踪移动目标的能力和瞄准能力。

第四次修复

"哥伦比亚号"航天飞机在美国东部时间 2002 年 3 月 1 日 6 时

22分发射升空，踏上了维修"哈勃"太空望远镜的旅程。

发射时间比原计划晚了一天，这是由于担心佛罗里达州卡纳维拉尔角肯尼迪航天发射中心周围气温过低，所以 NASA 将预定的行期顺延了24小时。

"哥伦比亚号"的维修之旅耗资1.72亿美元，仅航天飞机上携带的零部件就重达2.7吨。按照原来的计划，航天员们将通过太空行走为"哈勃"太空望远镜安装一些新式设备，其中最引人注目的是一台"先进测绘照相机"，它将使"哈勃"太空望远镜的观测能力提高10倍之多。航天员们还将为望远镜上的"近红外照相机和多目标分光计"更换冷却系统，让它恢复因冷却剂耗尽而中断了的工作。

"哥伦比亚号"航天飞机上的航天员已于2002年3月4日清晨开始首次太空行走，以更换"哈勃"太空望远镜上的太阳能电池板。此次太空行走始于格林尼治时间6时37分（北京时间14时37分），进行首次更换工作的2名航天员分别是约翰·格鲁斯菲尔德和里克·利纳汉。

"哥伦比亚号"航天飞机上共有7名航天员，他们在指挥长斯科特·奥尔特曼领导下从事的维修工作被认为将是"哈勃"迄今所接受的4次"大修"中最具挑战性的一次。2名航天员吉姆·纽曼和迈克·马西米诺于5日完成更换工作。航天员们的任务还包括对"哈勃"太空望远镜的电力控制系统和太阳能电池板进行更新换代，以及为望远镜换上性能更加可靠的定向控制设备等。

图2.63　任务专家、航天员史蒂文·L·史密斯准备打开"哈勃"太空望远镜的尾罩进行修理

图2.64　任务专家、航天员麦考·J·麦斯米诺在"哈勃"望远镜的太阳帆板的载货区工作

作为 NASA 服役时间最长的航天飞机，"哥伦比亚号"此次发射是 1981 年以来第 27 次"出马"。这也是近 2 年来，NASA 首次发射使命与国际空间站的建设无关的航天飞机。

由于 2003 年 2 月 1 日"哥伦比亚号"航天飞机坠毁，取消 2006 年的第五次修复计划

由于太空严酷的条件，使得"哈勃"许多设备疲惫不堪。NASA 曾先后 4 次选派航天员乘航天飞机升空，对其进行大修。第一次是 1993 年"奋进号"，第二次是 1997 年"发现号"，第三次是 1999 年"发现号"，第四次是 2002 年"哥伦比亚号"，这 4 架次航天飞机都运载航天员对"哈勃"望远镜进行了维修保养和仪器升级。每次大修都使"哈勃"面貌一新，重获生机。

NASA 原计划 2006 年对"哈勃"望远镜进行最后一次维修，主要是更换陀螺仪和电池，保证其工作到 2010 年以后。同时，安装两部新相机，分别从红外和紫外波段观察宇宙，提高其观测能力。还打算在"哈勃"完成使命后，用航天飞机把它接回地面，置于博物馆供人观赏。但由于 2003 年 2 月 1 日"哥伦比亚号"航天飞机坠毁，不得不改变计划，于是 NASA 的局长奥基夫 2004 年 1 月 16 日宣布，取消对"哈勃"的第五次维修。

迫于科学家们的压力和要求，奥基夫于 2004 年 6 月 1 日对外宣布，可以考虑利用机器人上天维修"哈勃"太空望远镜，不过实施时间要推迟到 2007 年。为此，2004 年 10 月末，NASA 与加拿大 MD 机器人公司签订了 1.44 亿美元的合同，由后者研发更灵巧的机器人和抓牢臂，以便参与修复工作。

2004 年 12 月 8 日，美国国家科学院的一个委员会在递交国会的一份报告中提出，NASA 应该派航天员而不是机器人去维修"哈勃"望远镜，以延长"哈勃"使用寿命。这个由 21 名科学家、工程师和航天员组成的委员会经过半年分析后认为，对于航天员来说，维修"哈勃"望远镜和乘航天飞机飞赴国际空间站这两者之间的风险差别很小，同时机器人执行任务非常靠不住，而且要花太长时间；另外，机器人维修"哈勃"望远镜的总投资至少需要 10 亿美元。

既然航天员维修望远镜和飞赴空间站的风险相差无几，以前又多次从事过这项工作，那么派航天员或机器人上天维修的效果和费用比较就成了突出的问题。据美国航空航天公司方面估算，机器人维修"哈勃"望远镜的费用为 20 亿美元，与派遣航天员基本相当，但机器人操作成功的可能性只有一半。基于上述理由，加上美国航天飞机将于 2005 年夏季恢复飞行，故而美国科技界要求派航天员维修"哈勃"望远镜的呼声日趋强烈。

　　面对这种舆论形势，NASA 于 2004 年 12 月声明，将继续为机器人维修望远镜的计划做准备，并将于 2005 年夏天做出最后决定。不料尚未等到 NASA 下定决心，白宫方面却不愿再行拨款，致使"哈勃"望远镜维修计划告吹。当然，从目前情况看，维修经费虽然被政府删除，但"哈勃"望远镜还将正常运转，直至不能使用时为止。

　　鉴于得不到再次维修的"哈勃"望远镜将难以工作到 2010 年，而那时美国现有的 3 架航天飞机还未退役，故而当其寿终正寝时，仍能实现 NASA 原定的将其接回地面的夙愿。

图 2.65　维修"哈勃"望远镜

图 2.66　为"哈勃"进行心脏移植

第五次修复计划于 2008 年 8 月至 10 月间实施

　　这将是继 1993 年该望远镜发生光学故障后的再次维修升级。2006 年，NASA 宣布，将对"哈勃"望远镜进行最后一次修理，并为其增添 2 个新仪器，更换观测用电源设备和陀螺仪，但在此之前 NASA 并未说明是否将修复近几年发生故障的 2 个仪器：高级观测摄机（ACS）于 2007 年 1 月因故障停机，它是"哈勃"望远镜系统中分辨率最高、使用最多的设备；另外太空成像光谱仪（STIS）也于2004年报废，它原用于测量紫外线光谱，并据此测定遥远星系的距离及组成。如果对这2个设备进行维修的话，那将是一项庞大复杂的太空维修工程。

NASA声称，将要进行最后一次维修升级行动将尝试一些前4次没有的内容，打造一次精致周到的太空电子维修行动。这对航天员是极大的挑战，因为他们需要穿着笨重的航天服、戴着厚厚的航天手套进行操作。如果不进行修理升级，"哈勃"望远镜系统很可能将于2011年彻底瘫痪，届时它最后能运转的一架陀螺仪也将停机报废。不过即将进行的维修行动将为其安装新的陀螺仪和电源装置，"哈勃"至少能运转到2013年，甚至可能延长到2020年。

此次修理行动将加装2台功能强大的新设备，其中3号广角摄像机（WFC3）使"哈勃"能看到比以前更模糊更遥远的星系，从而有望揭秘早期宇宙的状态。据位于圣克鲁斯的加州大学的桑德拉·法伯表示，该设备使"哈勃"能看到宇宙大爆炸后仅4亿年后生成的早期星系，这也是促使NASA最终下决心进行此次维修行动的原因之一。到目前为止，"哈勃"所能看到的最远星系是137亿年前发生宇宙大爆炸后8亿年时生成的星系。法伯表示："宇宙在形成初期发展进化的速度非常之快，因此生成时间的不同会使星系的结构和大小出现巨大差异。"

另一台新装备是宇宙起源光谱仪（COS），它能探测到非常遥远模糊的物体发出的紫外线光谱，比如恒星状球体——当它吞食周围气体时会形成巨大的黑洞。与"哈勃"相比，COS能捕捉到模糊得多的物体，不过前者的优势在于其观测物体的光谱更为精确。

拥有了新装备之后，"哈勃"系统将比它最初发射升空之时的功能强大90倍。据天文学家称，就相当于拥有了90个原型"哈勃"望远镜一样，升级部分在于不断改进的传感系统和更宽广的视角，使"哈勃"能够观测到多达900个星系，而最早升空时"哈勃"仅能看到10个星系。早在经过第三次维修之后，在ACS和STIS未出故障停机之前，"哈勃"的功能已比先前提升了60％。

此次维修行动中最具挑战性的部分是修理 ACS 和 STIS。"哈勃"太空望远镜项目的主任飞行机械师约翰·格鲁斯费尔德将作为 NASA 首席科学家航天员冒着风险进行太空行走，对"哈勃"望远镜进行升级和修理，他说："我们将要做的将是前所未有的太空行动。"

这两项维修都需要航天员松开数十个细小的螺丝钉，为其替换上新的电路板，还得穿着厚重的航天服来完成这一切，这确实是从未在太空中尝试过的壮举。航天员们还不得不切割并穿过金属层以抵达电路板所在位置，锋利的切割面很有可能会伤及航天服。在维修 ACS 时，格鲁斯费尔德甚至看不到自己将要卸开的螺钉，因为它的角度正好藏在"哈勃"之中。

格鲁斯费尔德已经在一个失重实验室里进行了数次演练，这是专为模仿太空失重状况而设计的水箱。他说："穿着航天服在实验室时演练的情况真是太令人惊讶了，我成功了！"他补充道，自己甘愿为这次危险的维修行动付出生命，"因为我一直坚信，'哈勃'科技和'哈勃'系统仍然值得我冒生命危险一搏，我的 6 位同仁也持同样看法。"

NASA 科技总监艾伦·斯特恩表示，维修行动原计划于 2008 年 8 月实施，不过由于航天飞机发射推迟，所以这次太空维修行动存在变数，这要看在装配国际太空站方面富有经验的航天飞机的发射时间。行动的原则是一切从安全出发，如果出于航天飞机的安全因素考虑需要将维修行动推迟到 10 月甚至更晚些时候，NASA 都会耐心等待。

通过此次维修，将给"哈勃"包上新的绝缘层，以修补之前已破裂的旧绝缘层，还要更换性能更佳的制导传感器，使之实现更精确的定位。航天员们还要安装一种所谓的"软捕捉装置"，使未来"哈勃"系统寿命将尽时，机器人能捕捉到它并使其安全地重返大气层并坠毁在海洋上。

届时 7 名航天员将在 8 月份前往太空，用最新的科学设备和仪器修复"哈勃"望远镜，此举将让这台已经运行了 17 年的望远镜继续运行到 2013 年。尽管 NASA 正在考虑让"亚特兰蒂斯号"在

2010年航天飞机项目结束前继续服务，但是这可能是该机的最后一次飞行。

与此同时，"奋进号"航天飞机也将整装待发，为执行援救任务做准备。执行"哈勃"修复飞行任务期间，"奋进号"的任务就是应付突发事件。"哈勃"望远镜所处的轨道与国际空间站不同，因此，如果这些航天员乘坐的航天飞机严重受损，他们根本无法在太空找到安全港。

图 2.67 "哈勃"拍摄的星空图（一）

图 2.68 "哈勃"拍摄的星空图（二）

图 2.69 "哈勃"拍摄的星空图（三）

图 2.70 "哈勃"拍摄的星空图（四）

图 2.71 "哈勃"拍摄的星空图（五）

　　无限广阔的太空在我面前展开，美得难以形容。我第一次从太空中遥望地球，它宏伟壮丽，看起来很平坦。只有曲线形的边缘提醒我，那是地球。虽然隔着厚厚的滤光镜，我还是能看到明亮的云、蔚蓝的黑海、绵延的海岸线和高加索山脉。离开飞船进入太空的时刻到来了，我们为这一时刻的到来准备已久，我们对这一时刻有太多想象。我从容地爬出舱门，轻轻将自己推离舱门，越移越远。我看到了宇宙的宏伟壮观。在地球旁边的天空渐渐地从深紫罗兰色变为深不可测的天鹅绒般的黑色，天空中的星星一闪也不闪。我认出了伏尔加河、乌拉尔山脉……然后我看到了鄂毕湾和叶尼塞河，就像是游过辽阔的彩色地图。

　　　　　　　——节选自彼得·费尔利《月球上的人》(*Man on the Moon*)

第三章
梦想的实现

这是一个人的一小步，却是人类的一大步。

——阿姆斯特朗

彼得·费尔利那段美不胜收的文字所记录的正是苏联航天员阿里克谢·列昂诺夫打开舱门，步入太空时所见到的宇宙美景。就像加加林成为所有太空探索者的先驱一样，列昂诺夫也为人类首次开启了那道神秘莫测的太空行走之门。

科幻作家曾经在小说中描绘了那激动人心的景象：舱门打开一道缝隙，令人眼花缭乱的太阳光一拥而入，使你想起电焊机锐利的蓝光。随着舱门摇摆着打开，一片片细小的碎片不可思议地出现在你周围。你向舱门外探出头，短暂的几秒钟适应后，开始从太空中遥望几百千米之外的地球，它平坦宁静，而又宏伟壮丽……你现在要做的，就是从舱门走出去，迈出人类太空行走的第一步……

人类从来没有停止过梦想，也从不缺乏把梦想变为现实的勇气。自从苏联航天员尤里·加加林成为人类绕地球轨道飞行第一人后，在太空中行走就成为了人类新的梦想。

仅仅过了 4 年，这一梦想就变成了现实。历史将永远记住这一刻：1965 年 3 月 18 日，苏联航天员阿里克谢·列昂诺夫打开了"上升 2 号"飞船的舱门，飘出飞船，进入太空，成为太空行走第一人。

从此以后，人类加快了探索太空行走的步伐。1969 年 7 月 20 日，2 名美国航天员进行了月球表面的首次旅行。尼尔·阿姆斯特朗向人类描述了首次踏上另一

图 3.1 从太空中看我们美丽的地球（一）

个世界的印象：我顺着梯子下来了，随着我的接近，月面看起来有细密的纹理，几乎像粉末一样。现在，我要走下登月舱了。这是一个人的一小步，却是人类的一大步……尘土像木炭粉一样薄薄地附着在靴子的底部和边缘上，我看到了自己踩下的脚印……

40多年过去了，人类的太空之旅不断取得新的进展。从地球穿过太空到达月球，再到火星，太空中不断留下人类坚定前行的足迹，毫无疑问，人类探索的足迹还将继续深入。

图 3.2　从太空中看我们美丽的地球（二）

图 3.3　从太空中看我们美丽的地球（三）

人类第一次舱外活动

列昂诺夫的历史性一刻

大约公元前 500 年，一位古希腊的哲学家对月食作出了解释，将月亮描述为"进入到太空和地球之间的地方"。由此可见，人类对探索地球以外的世界的想法不是突兀的，而是由来已久的。在当代，备受人们欢迎的科幻小说也证实了人类的这一想法，只是比起古希腊的幻想来说这种想法表现得更为具体、形象。比如，在流行的科幻小说中涉及的人类太空行走，就如我们在陆地上行走一般。但是在这两个截然不同的空间里，要实现这样的场景是需要付出很高代价的。

事实上，幻想也能变成现实，只不过，实现的过程不能一蹴而就，而是需要脚踏实地。直到苏联

图 3.4　阿里克谢·列昂诺夫

航天员尤里·加加林驾驶"东方号"成功地绕地球轨道飞行后，人类实现探索地球以外空间的梦想便又向前走了一大步。然而，要真正实现这个梦想首先必须得实现在航天器之外活动，即舱外活动。

经过多年的准备和实验，苏联终于带给全世界激动人心的一刻：1965 年 3 月 18 日，航天员阿里克谢·列昂诺夫与另一位航天员别列亚耶夫在执行"上升 2 号"飞船飞行任务时，阿里克谢·列昂诺夫在距地球 500 千米的太空打开飞船舱门，只身进入茫茫宇宙。这是人类历史上的首次太空行走。

1934 年 5 月 20 日，阿里克谢·列昂洛夫出生于苏联的利斯特维扬卡。1953 年，在苏联加里宁格勒完成学业，而后进入拉脱维亚的里加艺术学院。他想成为专业艺术家，但入校后不久便离开，加入乌克兰的一所空军学校。1957 年毕业后，任苏联空军跳伞指导员并继续在夜校学习艺术。1960 年 3 月 5 日，他被选为一个 12 人小组的首批航天员之一。1965 年 3 月 18 日与航天员帕维尔·别列亚耶夫一起乘坐"上升 2 号"进行他们的首次太空飞行，成为进行舱

图 3.5　列昂诺夫完成了首次太空行走

图 3.6　航天员利用机械臂在进行太空行走

外活动的第一人。

"上升 2 号"飞船入轨之后两人立刻着手准备。列昂诺夫在飞船舱内穿好航天服，检查了设备、系统和记录及通信装备的工作情况，调好飞船舱内及气闸舱内的压力之后，打开了从飞船通往气闸舱的舱口盖，列昂诺夫通过舱口盖进入气闸舱之后，指令长别列亚耶夫关闭了飞船舱的舱口盖。然后气闸舱除压，列昂诺夫打开出舱盖，使人目眩的阳光立刻布满了气闸舱。

列昂诺夫把头伸出舱口，无边无际、深奥莫测的太空展现在他的眼前。日月星辰在他面前浮游而过。列昂诺夫从容地穿过出舱闸门。在舱外他靠一条系索与飞船相连，离开飞船的最远距离在 5 米以上。

过去专家们并不清楚，在开阔的宇宙里人将如何处置自己，如何移动？他能否保持空间定向能力？也许，根本就不能出舱，或者远离飞船时系索拉不住人怎么办？所有这些及其他一些问题都使列昂诺夫产生了一种加加林首次飞行时曾出现过的那种心理状态。

但是列昂诺夫的情况要轻松一些，因为这次不只他一个人。留在舱内的别列亚耶夫一直与他保持着双向联系，他密切注视并指挥着列昂诺夫的行动，随时准备在必要时去援助他。

苏联对其即将进行的航天计划向来秘而不宣，事先从不公布于众，从而产生一种出奇制胜、一飞冲天、一鸣惊人的效果。因此每项重大行动都显得来得突然，同加加林首次飞行一样，苏联新闻界对"上升2号"的飞行目的，在一开始一直守口如瓶。只是在列昂诺夫出舱之后才马上以一条特别新闻播出，并进行了电视实况转播，以显示其又一伟大成就。安装在飞船上的摄影机如实地显示了列昂诺夫整个舱外活动的过程。可是，万万没有想到，列昂诺夫在返回船舱时遇到了麻烦。由于航天服在真空环境里像气球一样膨胀了起来，所以怎么也无法通过舱口。列昂诺夫在舱外焦急地挣扎，懊恼地咒骂，足足费了8分钟才回到座舱，而整个舱外活动一共才20分钟。

真是祸不单行。"上升2号"返回地球时由于自动的太阳定向系统失灵，不得不采用手控操纵，结果飞船降落在离预定着陆地区800千米之遥的被大雪覆盖的森林里。尽管如此，这总算是一次别开生面的飞行。它揭开了宇宙史上征服太空的新的一页，证明人不仅可以在飞船内完成飞行任务，而且可以在飞船舱外活动和工作。这对于未来航天活动中航天员的营救、航天器的安装和维修及舱外设备故障的排除，都具有重要意义。

冒险也要争第一

苏联的太空行走计划实施得非常匆忙，因为美国也在进行相关研究。在冷战时期，航天成就具有明显的政治意义。出于安全考虑，苏联率先发射了一艘无人飞船，飞船上安装了各种复杂仪器，它收集的数据足以搞清太阳辐射、高能量粒子流等因素对航天员身体造成的影响。飞船在太空工作得很出色，但它在返回地面时突然启动了自爆程序，关乎航天员生命的珍贵数据就这样被炸得无影无踪。

此时距预定的太空行走日期只有一个月。面对突如其来的打击，专家们茫然若失。苏联"航天之父"科瓦廖夫将执行太空飞行任务的别列亚耶夫和列昂诺夫叫到身边，用商量的口气说："怎么办？是冒险按预定时间升空，还是等上 6 到 8 个月重新发射一艘无人飞船？" 2 位航天员很清楚航天之父期待他们做出何种选择——美国已经准备就绪，虽说他们的航天员只准备把手伸到飞船外面，但这也将被宣传为人类首次进入太空。别列亚耶夫和列昂诺夫平静地说："我们状态良好，为了这次飞行进行了所有必要的训练，我们做好了心理准备。总而言之，应该飞……"

为尽可能降低此次飞行的风险，专家们设想了可能遇到的各种情况，其中包括指令长别列亚耶夫如何将在太空失去知觉的列昂诺夫拖入飞船。即便如此，科瓦廖夫仍忧心忡忡。起飞前，他对列昂诺夫低声说："千万别当冒失鬼。走出飞船就向我们挥手，然后立刻回来。"

就是在这样的背景中，他们开始了自己也是全人类的冒险历程。

图 3.7 "太空画家"列昂诺夫后来用画笔描绘了自己进入太空时的情景

太空行走第一人

太空行走是非常复杂的技术，在出舱之前首先要进入气闸舱做准备工作，必须穿上一套设备，也就是我们所说的舱外航天服，它比舱内航天服要复杂得多，是一个微型的载人机动装置，能使航天员和外部隔离。此外，在太空中行走，由于那里是高度真空，没有空气传递声音，对面讲话也相互听不见，所以在舱外活动航天服背部还有无线电通信背包。

为列昂诺夫舱外活动所做的准备几乎是在飞船刚刚入轨、气闸舱从座舱的一侧刚刚展开时就开始了。"东方号"是只为一名航天员而设计的，现在被改造成了能容纳两人的"上升号"飞船，空间狭小得航天员都无法脱掉压力服。列昂诺夫所穿的"海鹰"航天服在发射前就穿上了，一直到着陆后才能脱下来。指令长别列亚耶夫在狭小的航天器中穿着笨重的航天服，尽最大的可能帮助同事把生命保障系统背在身上，并帮他控制过于激动的情绪。

列昂诺夫以头前脚后的方式，迫不及待地从乘员舱进入更加狭小的气闸舱，别列亚耶夫在后面帮他关紧舱门。列昂诺夫身上还连着一根绳子，它的作用有两个：第一，如果没有这根绳子拖住，航天员稍一用力，就可能飘移出去，一旦离飞

图 3.8　列昂诺夫在检查他的舱外航天服

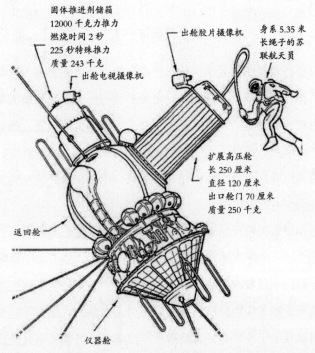

图 3.9 "上升号"飞船的功能图，描绘了列昂诺夫的舱外活动及其使用的扩展高压舱

船过远就可能回不来了；第二，绳子实际上是"空心的"，可以为航天员输送氧气以及建立通信联系等。因此，这是一根维系航天员生命的安全绳。列昂诺夫打开舱门，在对系统进行检查和对气闸舱进行减压后，进入太空的时刻到来了。这时距离发射升空只有 90 分钟，航天器进入轨道将近 1 圈。

后来列昂诺夫回忆当时的情景时，一切场景都还历历在目：首先舱门锁被打开了，然后舱门开启装置开始转动，舱门颤动着缓缓地打开，展现在我面前的是太空景色。这是我第一次通过头盔面窗而不是通过航天器的观察窗看到它，那里有无数的星星，舱门慢慢向上移动，窗口变得越来越宽了。我屏住呼吸，看着满是星星的黑色天空发生着急剧的变化。舱门停住了，现在舱外活动的一切准备工作就绪。我向舱门飘浮过去，探出头，看到了一望无际的夜空和点点繁星……那些星星远比在地球上看到的要多得多，而且它们更为明亮，也不闪烁。

当列昂诺夫飘向外面的时候，他抓住了扶手。"太安静了，以至于我都能听到自己的呼吸和心跳。"他回头看了看阳光下的"上升2号"，它看起来就像科幻小说中的东西一样。当他经过黑海和伏尔加河时，他看到的地球景象美妙极了，他极力搜寻童年中生活过的地方和冬日冰雪覆盖下的祖国。地球就像"铺开的天鹅绒地毯，多么美的画面啊！我惊叹于它的广袤"。当列昂诺夫通过他的耳机听到别列亚耶夫和他说话时，他这才从这美妙的思绪中回过神来，想起自己还有工作要做。于是，他集中注意力安装好电影摄影机，拍摄了飞船。他取下相机上的镜头盖，意识到没有地方放，就把它扔到太空中，当它消失的时候就像"星星一样的闪烁"。

艰难跨越的第一步

看起来这是一幅美妙的画面，但是其过程远非人们想象的那样完美。列昂诺夫虽然成功地进行了人类史上第一次太空行走，但确实是冒着生命危险换来的。因为当时，无论是舱外航天服，还是气闸舱在安全性和可靠性方面都存在着不少问题。换句话说，他们险些死在太空。

其实，飞船刚一起飞就遇到了麻烦，本来预定进入距地球300千米轨道，而实际高度却达到了500千米。但真正的险情还在后面。列昂诺夫穿的是一套多层特制航天服，它不仅能保持恒温，还有维持航天员在太空工作一个小时的生命保障系统。地面气压训练室只能模拟距地球 90 千米高空的气压，而航天员走出飞船时周围则是真空状态。到舱外后不久，列昂诺夫离开航天器 7 米远，在脐带的另一端边扭边转。他的航天服鼓了起来，限制了他的行动，他感到弯曲胳膊和腿都很困难，以致无法按动绑在他腿部的相机快门。四肢活动越来越困难，他不得不努力控制它们。他在一个点上一连转了好几圈，而且由于缺乏可以利用的操作装置，他无法使自己停下来，旋转使得脐带像"章鱼一样"缠在他的身上。意识到在太空中这种意外的转动不是一个好兆头，因此列昂诺夫努力解脱自己。但他很快发现，没有东西可以支撑，要保持一个状态需要付出很大的努力。"航天服里变得越来越热，我感觉背上开始出汗，手变湿了，心跳也加快了。"

完成太空行走后，他突然发现因为航天服发生膨胀自己有可能无法返回飞船了。他的活动也对由别列亚耶夫控制的飞船产生了影响。此外，穿着航天服长时间的活动使他感到很疲惫，因为每个动作都需要付出比在地球上多得多的努力。抵抗航天服的压力也是引起他疲惫的一个原因。但是，即使这样，他还是坚持了下来。当他通过耳机听到莫斯科广播电台在报道有一名航天员正在太空中自由活动时，他还在想，这个人是谁，后来他才意识到这个人就是他自己！

是我自己！一瞬间，他油然而生一种自豪感，他意识到自己完成了人类太空行走的第一步，他感到这件事情的意义一定和 4 年前加加林第一次驾飞船进入太空时一样伟大，具有划时代的意义！

险些回不了座舱

12 分钟后，列昂诺夫准备结束舱外活动返回座舱。这时，汗水流进了他的双眼。他的航天服膨胀得很大，以至于他无法进入舱门。按飞行规则，航天员在采取自救措施前必须向地面指挥部请示报告。列昂诺夫知道，要让航天服体积变小就必须调低航天服内的压力，地面指挥部在同意这一建议前肯定要详细研究他此时的心电图和各项生命指标。虽然氧气还可持续 30 分钟，但是照明系统只能再工作 5 分钟。在黑暗状态下，航天员返回飞船将更加艰难。他认为他一直都在呼吸纯氧，不会得减压病。

于是，列昂诺夫果断地调低了航天服内的压力。但是当他将头伸进气闸舱时又发生了另一个问题。因为按规定程序，他应该先进脚后进头，然而列昂诺夫是头朝前进入飞船的，他这样做是为了确保手中的摄像机万无一失，但这样的话他就不能在圆筒形的气闸舱中将身体转过来关闭身后的舱门。他反复弯曲自己的身体，想将身体转过来，但都无济于事。该舱断面直径只有 120 厘米，而膨胀的航天服长度达到 190 厘米。列昂诺夫拼命旋转着身体，此时他的心率达到每分钟 190 次，体内温度也急剧升高。因此，后来他不得不冒着患减压病的风险，再次调低航天服内的压力。最后终于转过身来，将气闸舱的舱门关闭上，对气闸舱重新加压，并回到飞船座舱中。

虽说从发现航天服膨胀到关闭舱门前后不过 210 秒，列昂诺夫所承受的心理和生理压力却是难以想象的：他的体重减少了 5.4 千克，每一只靴子里积聚了约 3 升汗水。

多年后，莫斯科流传着这样一种说法：在太空行走的准备过程中，科瓦廖夫命令别列亚耶夫在列昂诺夫无法返回飞船的情况下单独返航。经过一番痛苦的思想斗争，别列亚耶夫终于答应了这一要求。列昂诺夫听到这个说法后，在接受媒体采访时袒露了心声："即便牺牲自己的生命，我的战友也不会让我孤独地留在太空。"

终于回到地球母亲的怀抱

开创人类历史的太空行走总算完成了，随后遇到的险情却更加惊心动魄。就在他们准备返航时，座舱氧压急剧升高。为了防止发生爆炸，别列亚耶夫和列昂诺夫赶紧降低温度和湿度，但这些办法并未发挥作用。险情持续了整整 7 个小时，因为过于疲劳，2 位航天员甚至一度进入梦乡。突然，类似爆炸的声音将他们惊醒，别列亚耶夫和列昂诺夫都以为最后时刻到来了。可周围的一切并未燃烧，相反氧气压力在慢慢下降，过了一会儿竟完全正常了。原来，当列昂诺夫在太空行走时，飞船一直处于相对静止状态，其朝向太阳和背对太阳两个侧面的温差达到 300℃，飞船因此发生了轻微变形。列昂诺夫返回飞船后，舱门留下了小小的缝隙，发现飞船内的空气向外泄露后，生命保障系统立即做出反应，氧气的压力随之不断升高。睡梦中，航天员无意间碰到了补充空气的开关，强大的气压启动了排气阀，舱门随之彻底关闭了。

惊魂未定，别列亚耶夫和列昂诺夫发现飞船定位系统也出了故障。得到地面指挥部同意后，他们冒险采用手动方式着陆。飞船落到了原始森林深处 2 米厚的积雪上。2 位航天员费了九牛二虎之力爬出舱外。伴着暴风雪，他们架好天线，向指挥部发出呼叫信号。但是不知什么原因，他们迟迟没有得到回应，狼群的嚎叫声却越来越近。天黑了，气温越来越低。2位航天员本想用降落伞裹在身上御寒，可降落伞偏偏挂在了树梢上，飞船的制冷空调又怎么也关不上。列昂诺夫的航天服内灌满了汗水，他不得不在零下二十多度的严寒中光着身子拧干内衣。直到第二天，搜寻人员才找到别列亚耶夫和列昂诺夫。直升机投下白兰地、食品和防寒服，但由于风太大，2位航天员眼睁睁地看着这些东西被吹到远处，最后到手的只有几根香肠和一只皮靴。第三天，他们穿上滑雪板，赶到了9千米外临时建起的停机坪。

图3.10　列昂诺夫（左一）太空荣归

正式的欢迎仪式是在莫斯科举行的。两位凯旋的英雄身着军装、手捧鲜花，他们乘坐的豪华敞篷汽车在大街上缓缓行进。大街两侧群众挥舞着鲜花，欢呼声一浪高过一浪。

全世界人民同样在欢呼，为航天英雄，更为人类太空跨出的第一步！

人类首次舱外活动密码解读

好事多磨：时间一改再改

好事总是多磨难的。在决定航天员如何走出增压舱并安全返回时，问题出现了。"东方号"为了保温而把整个航天器都封闭了，因此如何设置舱外口和增压系统成为设计上的主要难点。"东方号"上的逃逸系统是由弹射坐椅构成的，它的舱门不是靠铰链转动，而是在弹射系统启动时被掀走。为了更好地实现舱外的计划，不得不对"东方号"进行必要的改造。改造后的航天器被称为"上升号"。当苏联得知美国将在 1965 年 2 月发射的"双子星座 4 号"航天器上，让航天员打开舱门，从座位上站起来时，这一消息激起了苏联航天研究人员的斗志和决心，为了赶在美国前面实现舱外活动，1964 年 4 月 13 日，政府决议批准了改造后的"上升号"的舱外活动计划定在 1964 年 11 月，比美国要早 3 个月。

　　就像对克里姆林宫许诺的一样，俄罗斯航天专家科罗廖夫最初计划在 11 月完成"上升号"的飞行任务，向"十月革命"献礼。但在 1964 年 10 月，"上升号"飞船在执行第一次任务期间，苏联发生了政治变革，赫鲁晓夫政府被推翻。最后期限的压力没有了，"上升 2 号"和舱外活动试验改在了 1965 年上半年，但还是会在美国"双子座号"进行舱外活动之前进行。苏联仍然不放弃成为第一个太空行走国家的决心！

链接：最初的预想——让狗做第一位"航天员"

　　回首人类近半个世纪的航天征程，人们不能忘记自己的亲密朋友曾经留下的足迹和付出的牺牲，它们就是一批为人类安全进入太空"打前站"的太空"狗侠"，是它们首先被选作试验品踏上了生死未卜的太空之路。在实现舱外活动的过程中，科学家依然设想将一只穿着航天服的狗放到可减压的"东方号"船舱里。这样，在人类尝试进行舱外活动之前，可以从动物舱外活动中获得有价值的经验，以及适宜的材料和系统。这相当于将狗作为人类进行舱外活动的"急先锋"。

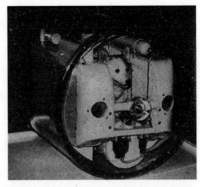

图 3.11　第一只进入太空的动物——小狗莱伊卡

将狗设想为舱外活动航天员的任务后来被取消了，但是"东方号"进行舱外活动的想法却一直被保留着。"东方号"是俄罗斯最早的载人飞船系列，也是世界上第一个载人航天器。"东方号"载人航天工程始于 20 世纪 50 年代后期，在载人之前，共发射了 5 艘无人试验飞船，从 1961 年 4 月到 1963 年 6 月共发射 6 艘载人飞船。

改造"上升号"飞船

太空行走是一项高科技工程，为了保证航天员能安全顺利地完成太空行走，必须给航天员提供一整套安全可靠的舱外活动系统。该安全可靠系统包括硬件和软件两大部分，硬件部分由舱外航天服、气闸舱、背包式生命保障系统等组成；软件部分由航天员舱外活动程序、气闸舱和压力制度、预吸氧要求等

图 3.12　"上升号"飞船

系统组成。

1961 年，加加林乘坐"东方号"飞船完成首次太空飞行时，并未计划进行舱外活动，因此最初设计的飞船都不具备在飞行中打开舱门的能力。"东方号"上唯一一名航天员被固定在飞船弹射坐椅上，这一坐椅的用途是在着陆的最后阶段，确保航天员靠降落伞着陆。由于在航天器上，舱门位于航天员顶部或顶部靠后的位置，因此航天员不可能从座位上够到舱门。更重要的是，这个舱门只是一个用于弹射时的爆炸型舱门，安装了弹射坐椅，飞船座舱内只有极小的空间供航天员走动。实际上，他只能在座位上空极小的范围内漂浮。并且，"东方号"上缺乏足够可靠的生命保障系统，航天器看起来不够牢固，无法进行减压和增压操作。其设计的机舱也不允许长时间地暴露在真空中，实际上，这些设备在真空中时根本无法操作。鉴于乘员舱不能被减压，因此很有必要设计一个具有内外舱门的隔离舱，这样可以使航天员从气闸舱门进入隔离舱。对航天器的改造势在必行。

科罗廖夫和他的研究团队把原来仅能容纳一人的"东方号"飞船改装成可以容纳多人的航天器，它的功能虽有所增加，但仍无法进行舱外活动。由于搭载 3 名航天员而增加的质量和容积，给改进"东方号"、设计"上升号"的设计者带来了一些难题。他们发现，如果坐椅能够向

图 3.13 "上升号"飞船剖面图

舱口方向旋转 90°，且中间坐椅能够稍微向前移动一点儿，把弹射坐椅和压力服也都拆除，座舱就可以供 3 名航天员进行为期 24 小时的飞行。然而，考虑到进行舱外活动需要压力服，"上升 2 号"只能搭载 2 名航天员进行 24 小时的短期飞行。

安全问题第一位

要实现太空行走这一目标，需要诸多的特殊技术保障。太空处于真空状态，没有大气层的保护，温度变化很大，太阳照射时温度可高于 100℃，无阳光时温度可低于 −200℃，同时存在各种能伤害人体的辐射。为保障航天员在舱外活动中能安全、健康和有效地完成任务，需要有舱外航天服、载人机动装置、完成任务所需的工具、固定航天员身体的设备及安全带等装备。

航天员进行太空行走时，如何保障生命安全和正常工作呢？

首先是在舱内。在密闭座舱中，为了不断补充人体消耗和座舱泄露的气体，维持舱内压力平衡，舱内备有氧、氮气体储存系统。氧、氮气体储存方式一般有三种：一种是将其作为高压气态保存，短期载人航天器一般用这种方法。第二种是采用液化的方法，将氧和氮置于低温之下，使其成为液态进行储存，这种方式结构紧凑，质量轻。第三种实际上是利用碱金属超氧化物经过一系列反应产生氧气，这种方式常称为化学储存方式。氧气产量的多少常通过舱内的水汽含量和二氧化碳含量来控制。

载人航天时舱内温度如不加控制，会逐渐升高。使座舱温度升高的原因有很多，航天员的人体代谢过程会产生热，舱内的仪表设备运行的时候会产生热，飞船上升、返回时传入舱内的气动力产生的热以及飞船运行时太阳辐射传入舱内的热，这些都会使舱温升高。载人航天器都配备有完善的温度控制系统，使舱内温度始终控制在人感到舒服的范围内。温度控制的方法基于防止、减少外界热传入和积极地将舱内产生的废热排出舱外的思想。

常用的一种散热方法是水蒸发法。在真空的环境下，水在$1.7℃ \sim 7.3℃$的低温可以沸腾形成蒸汽，水蒸发时会吸收大量的热量。因此可将水输入到热交换器，通过低温蒸发，将热排出舱外。短时间飞行常用这种方法，而长时间飞行可用升华器、辐射器方法散热。

航天员呼出的气体和排除的汗液都含有一定量的水蒸气，如果不采取措施将这些水蒸气清除的话，航天员会因为环境湿度太大而感觉不舒服，而且过高的湿度对舱内的仪表设备运行也是不利的。飞船中常用的去湿方法是采用分子筛材料吸附舱内空气中的水蒸气，然后在真空条件下解析去湿。

除了水蒸气，载人航天器内还有人体代谢产生的有害物质，特别是蛋白质代谢分解的有害产物，再加上舱内设备中非金属材料的挥发物。这些物质对航天员的影响不只是舒服与否，更重要的是它们作为一种污染源，有可能影响航天员的身体健康。尤其是人体代谢产生的有害物质危害更大，如呼吸时排出的二氧化碳、一氧化碳、甲醇、挥发性脂肪酸等；胃肠道排出的有害物质甲烷、硫化氢、甲硫醇、吲哚等；出汗时汗液中的有害挥发物胺、氨、苯酸等。对于这些有害物质，也必须采取措施将其清除。

精心设计舱外航天服

出舱之前首先要进入气闸舱做准备工作，因为我们知道在舱外的空间没有空气，没有压力，强辐射、高低温变化非常快，如果人直接暴露在这样的环境里是不能生存的。所以必须穿上一套设备，也就是我们所说的舱外航天服，使航天员和外部隔离，航天员出舱之前要做大量准备，其中之一就是穿上舱外航天服，它比舱内航天服穿起来要复杂得多。

舱外航天服是太空行走时的生命保障系统，它的外壳能防止宇宙线、微流星体和太空垃圾的伤害。为了防止真空伤害，它有充气密封层，维持人体所需要的气压。当然，它不可能达到地面上和密封座舱中那样的气压，因为那样将对密封提出更高的要求，并增加重量。由于舱外活动航天服中的气压较低，穿着它进行太空行走以前，要吸纯氧把溶解在身体中的氮排出来，以免气压降低后氮气释放出来，堵塞血管，形成气胸，危害生命。这一过程称为"吸氧排氮"，是防止出现减压病的重要措施。

舱外航天服背部有生命背包，它能隔热保暖，维持身体所需要的温度，防止高低温伤害。它还有供氧、供水和可进食的能力，控制二氧化碳浓度和处理小便以及各种有害气体的能力，保持一定温度的能力等。为了便于行走和作业操作，它的关节部位可以灵活地弯曲和转动。

由上可知，舱外航天服是十分复杂和笨重的。在失重环境中，质量无大碍，但复杂往往带来险情。列昂诺夫第一次太空行走结束，返回座舱时，由于太空中舱外活动航天服膨胀了起来，进不了舱门，只好把服装内的气压一降再降，直降到危险压力以下才挤进座舱。

另一个重要的安全问题也必须重视，即一旦航天器发生泄漏，造成空气流失和内部压力降低，生命保障系统应能够提供空气、维持安全压力，以确保航天员能够身着航天服继续工作，以应付在此情形下逐步增高的温度和湿度。

链接：两种舱外活动方式

一招不慎，满盘皆输。下棋如此，更何况太空行走这样高难度、高科技的计划，因此，实现计划前必须考虑周全，步步到位。安全问题还包括舱外活动方式。

舱外活动方式有两种供选择。一种是身系安全带，类似脐带，以免航天员飘走。但"脐带"不能过长，航天员只能在离航天器几米的范围内活动，早期舱外活动中常采用这种方式。

另一种较常用的是不系安全带，即航天员身背一个可控制的喷气背包（又称太空摩托艇）自由飞行。航天员活动范围可达近百米。不过，喷气背包重达111千克，太笨重，为此，美国又研制了新一代载人机动装置——舱外活动救援轻便服。航天员可通过绑在航天服前面的开关控制喷气，实现各个方向的移动。

图3.14　航天史著名照片之一。1984年2月，航天员麦坎德利斯成为第一个不借助绳索漂浮太空的人，这得感谢他所穿的类似喷气包的装置——载人机动装置（Manned Maneuvering Unit，简称MMU）。MMU现在已经退役，但现在的航天员仍会穿类似背包的装置以防紧急情况。

美国不甘人后的舱外活动

埃德·怀特的舱外活动

竞争总是伴随着人类社会的发展脚步，国家之间的竞争亦如此。和在其他领域一样，俄罗斯和美国从来就没有放缓过竞争的步伐，太空中的最初竞争便从这两个国家开始。太空竞赛是冷战时期美国和苏联之间文化和技术对抗的重要部分。航天技术因为它在军事应用和鼓舞士气方面的巨大作用，而成为这场角逐中重要的竞技场。也许，这两个超级大国都坚定着这样一个信念：谁能有效控制太空，谁就能有效控制地球。

尽管美国比苏联更早提出舱外活动的计划，但是完成第一次舱外活动的桂冠还是被苏联摘夺。只是这并没有影响美国的计划，相反，美国在有苏联舱外活动的前车之鉴后，进一步改进自己的航天设备，以求达到比列昂诺夫更佳的舱外活动状态。

仅仅在列昂诺夫漫步太空 2 个月后，美国航天员也开始了他们的伟大计划，虽然比苏联的脚步要慢一些，但是舱外"成绩"却比苏联的要好。

1965 年 6 月 3 日，埃德·怀特（1930—1967）成为美国历史上第一个实现太空行走的人。当时他乘坐的飞船是"双子星座 4 号"，进行双子星座计划的第二次载人飞行。这次飞行任务由怀特和指令长吉姆·麦克迪维特承担，飞行时间提高到 5 天。在绕轨道第三圈时，怀特按预定计划在夏威夷上空打开舱门，进入了开放

图 3.15 埃德·怀特

空间。他身上连了一根长索，利用小型机动系统，最远时离飞船约 3 米左右，除身体有些旋转外，一切均正常。他在舱外共活动了约 21 分钟。此次飞行，他们还进行了科学和技术实验、医学测试，并利用弹力器来维持肌肉的弹性，还拍摄了许多舱外活动和地球大气的照片。由于飞船上的计算机失灵，原定飞行 121 圈的任务没有完成，只飞行了 62 圈，于 1965 年 6 月 7 日返回地面。

这次飞行有两项成果超过了苏联：一是飞行时间近 98 小时，打破了苏联的纪录；二是首次进行太空机动行走，无论是时间还是距离，都比苏联有一定的进步。

但是即便这样，事情也还是有不尽如人意的地方。困难首先是来自压力服的障碍。

"双子星座号"第一次舱外活动比原计划延迟了一个轨道周期，原因是航天员在出舱之前的检查任务中遇到了困难，这使得他在乘

员舱狭小的空间里感到很热，大汗淋漓。幸运的是，接下来的轨道运行又使他得到了一些放松和平静。埃德·怀特利用手持机动装置走出舱门，他发现该装置并不难使用，他可以维持方位，转身面向飞船，并能按要求接近或远离飞船。他在控制自己的行动方面要比列昂诺夫容易得多，这不得不归功于助力装置的使用。接着，怀特发现单靠通过拖拽脐带的方式掌握运动要困难得多，脐带总是把他置于飞船尾部适配器部件之后，这样，座舱里的麦克迪维特就看不到他了。

当怀特在麦克迪维特的监控范围之内时，后者可以利用特殊的推进器调整飞船的方向，以保证怀特远离推进器口。在给飞船拍完照片以后，怀特返回舱门位置。在回到座位上使自己身体低下去以关闭舱门时，怀特又遇到了困难，麦克迪维特帮他尽量坐得低一些，以关闭并密封舱门。

尽管困难重重，但是像苏联人一样，美国人第一次舱外活动也取得了成功。

图 3.16　埃德·怀特实现了美国航天史的首次太空行走

图 3.17　埃德·怀特的首次太空行走，"双子星座号"俨然成为他的私人飞船

101

埃德·怀特 1930 年 11 月 14 日生于美国得克萨斯州。1952 年在美国军用学院毕业，获得科学学士学位。1959 年，在密歇根大学获得航空工程硕士学位。1962 年，他被选拔为美国宇航局第二批宇航员。1965 年他参加了"双子星座 4 号"的飞行，完成了美国首次太空行走。此后，他被选为"双子星座 7 号"的替补指令长，但没有参加飞行。1967 年，他被指定为"阿波罗"飞船首次飞行的宇航员。正是这次任务，使得美国太空漫步第一人魂断地球，至今仍令后人欷歔不已——这就是"阿波罗 1 号"的火灾事件。

1967 年 1 月 27 日，3 位航天员格里索姆、埃德·怀特和查菲进入狭小的指令舱进行系统测试。下午 6 时 30 分，控制室的生命遥测仪测试到怀特的心跳与呼吸明显加快，不一会儿，格里索姆用无线电传来消息：舱内起火了！紧接着又传来查菲的舱内起火报告。从监视器里能看见航天员们正紧张地躲闪着。查菲的声音十分慌张："我们遇到了一场大火。快打开舱门，立即让我们出去！"仅仅是过去了 5 分钟，当技术人员打开被烧焦的舱门，3 位航天员已被烧得面目全非。

那真是一次严重的火灾事故，它不仅让美国损失了 3 位优秀的航天员，同时也让休斯敦的信心大减。"出师未捷身先死"的悲壮，

图 3.18 "阿波罗 1 号"遇难的 3 名航天员　　图 3.19 "阿波罗 1 号"任务标志

让人们深刻领悟到太空探险的危险性。而最为感人的还是格里索姆在牺牲前曾说过的这样一段话：

"如果我们死了，我们希望我们的人民能接受它。因为我们从事的是充满危险的事业，因此我们希望无论我们发生了什么事情，都不要延误航天计划的进行。毕竟，探索太空是值得冒生命危险的。"

催人泪下的话语，最真切地表现了航天员们视死如归的大无畏精神。

美国首次舱外活动密码解读

"双子星座号"飞船

苏联对正在制造中的"东方号"飞船进行改进，以完成一部分计划由"上升号"完成的任务的同时，美国人也在探索改进"水星号"的途径，使其能够容纳 2 名航天员，以拓宽任务范围，以及开展空间交会和对接。这艘飞船起初被命名为"水星 Mark2 号"，但在 1961 年又被改称为"双子星座号"，并且广为人知。

作为从"水星"到"阿波罗"计划（其任务是在 1970 年以前实现载人地球轨道飞行和环月球飞行，继而实施人类登陆月球和建造空间站的计划）之间的过渡，美国于 1961 年 11 月至 1966 年 11 月实施了"双子星座"计划。其主要任务是研究发展载人登月的技术和训练航天员长时间飞行及舱外活动的能力。该计划历时 5 年，完成了 10 次环绕地球轨道载人飞行。

图 3.20 "双子座 3 号"首次升空　　　　　图 3.21 "双子星座 6 号"

历时 5 年的舱外活动计划

1959—1961 年，美国的研究主要集中于对"水星 Mark2 号"的项目上，即建造一个可容纳 2 人的多功能航天器，以提高人类进行轨道飞行和深空飞行的技能。

1961 年 12 月，"水星 Mark2 号"被更名为"双子星座号"，它将被用来检验长期空间飞行、空间交会、定点着陆以及舱外活动等技术。对于后续的"阿波罗"计划而言，这些也被视为实施登陆月球的里程碑。

1963 年，NASA 载人飞船中心主管航天员系统的部门制定了一个指导方针，指导"双子星座号"舱外活动的基本方案。最初，这一方案是为"双子星座 3 号"航天员设计的，用来测试航天员从处于飞行姿态的密封舱中的座椅上站立起来的程序。之后，"双子星座 4 号"航天员完成直立出舱，及"双子星座 5 号"航天员完全走出舱外都采用了这一方案。

图 3.22　约翰·格伦，美国第一个绕地球轨道飞行的人，也是唯一一个曾穿着"水星号"航天服和航天飞机航天服进入太空的航天员

图 3.23　36 年后，约翰·格伦在 1998 年乘坐"发现号"航天飞机重返太空，成为迄今为止进入太空的最年长的航天员

在列昂诺夫进行太空行走一周后，"双子星座 3 号"也获得了成功，载人飞船中心主管罗伯特·吉尔鲁斯提议，让埃德·怀特进行一次完全意义的舱外活动。这一提议最终在 1965 年 5 月 25 日被通过了。仅仅 9 天之后，美国人第一次在"双子星座 4 号"飞船外完成了长达 21 分钟的太空之旅。

苏联人刚刚创造的"太空奇迹"、可靠信息的缺乏以及苏联的航天服技术不亚于美国的估计，这些都没能改变"双子星座号"的舱外活动的整体计划。事实上，还促进了出舱计划的改变，即从在舱门内站立起来进行简单的直立出舱发展到进行完全的出舱，并使用助力枪来控制舱外活动。

不断改进的技术特征

"双子星座号"飞船与"水星号"飞船相比，作了较大的改进，

105

实现了载 2 名航天员飞行。飞船设计为手控操纵为主，成为至今为止美国载人航天器中手控程度最高者，在"双子星座"飞行中，航天员真正成为飞船的"主人"。除了人对空间环境适应情况的实验外，还进行了一些技术试验，实现了一些新的空间技术方面的突破，这主要包括航天员舱外活动技术和航天器的空间交会对接技术，以及使用计算机的自动飞行控制技术。

"双子星座"计划共进行了 10 次载人飞行，总计飞行时间 971 小时 48 分。

"双子星座号"飞船舱外活动的早期研究是为了确定进行 15 分钟的舱外活动所必须满足的条件，这些研究包括：航天员的安全防护和生命保障系统，航天员在穿着航天服的情况下开关舱门的机械设备和技巧，以及与航天器上操作系统有关的问题。根据最终确定的"双子星座号"的出舱方式，只能有一名航天员进行舱外活动，一次只允许开一个舱门。这是根据飞船生命保障系统补充气体限量和乘员舱的布局等制约因素确定的。

1961 年 3 月，在新型飞船设计工作进行当中，有人建议，既然发展的是两人计划，那么，在轨期间，其中一人就应该打开舱门，出舱活动。从那时起，舱外活动就成为"水星 2 号"项目中不可缺少的部分。既然由两个人同时在太空中，安全装置就被纳入计划之中，以确保美国航天员的首次舱外活动万无一失。

为了实现太空行走的任务，美国航天专家首先对航天器"双子星座号"进行了研制和改进。

在"双子星座号"的研制改进中，它曾一度被设计成由两个舱门（两个航天员每人一个）作为出舱的第一选择。设计成两个舱门的最初目的，是为在发射架上或上升或下降到 18275 米高度时进行紧急弹射之用。在 15230 米的高度时，降落伞的展开系统才能启动，假如降落伞没能展开，航天员可以启动弹射系统。

为了准确地操纵飞船，设计人员为"双子星座号"安装了几个火箭发动机，使它可以在轨道上做向前、向后和侧向的运动，以改变轨道。复杂的任务要求由两人来驾驶飞船，这就使得飞船的体积增大。而且"双子星座号"飞船太空飞行的时间一般需要持续 1~2 周，以确定人体是否能够承受长时间的失重状态，所以需要大量的电力和能源，为了满足这个要求，"双子星座号"飞船增加了设备舱，安装电源系统、推进剂储箱等设备。

当时使用的普通化学电池功率小、寿命短，不足以维持长期飞行，而太阳能电池技术也不成熟，因此设计人员采用了燃料电池，这种电池依靠燃料的化学反应释放出来的能量转变成为电能输出。

2 名航天员，加上增加的支持系统、补给及推进剂，使得"双子星座号"飞船的重量比"水星号"增加了一倍。要把它送入太空，"水星号"所用的"宇宙神号"运载火箭已经无能为力，"大力神 2号"运载火箭便成了"双子星座号"飞船的运载火箭。设计人员经过较长时间的考察发现，运载火箭在发射时发生爆炸的机会极小，但是，"大力神号"运载火箭的非爆炸性的推进器有可能会燃烧，航天

图 3.24 从"双子星座 6 号"拍摄到的"双子星座 7 号"在地球上方的轨道上运行

员可以在飞行器遭到破坏之前迅速做出反应，启动逃逸系统。因此"双子星座号"取消了逃逸救生塔，采用弹射坐椅作为应急情况下的救生措施。

对苏联舱外活动的研究

它山之石，可以攻玉。一切科学研究都要吸取前人的经验和教训。美国密切关注着苏联的航天活动。在苏联实现第一次舱外活动不久，列昂诺夫就说过，穿着航天服长时间行走使他很疲惫。说者无意，听者有心。在美国航天专家眼里，这就相当于给了他们一个信息。

对航天服的研究

在苏联"上升号"飞船飞行之后，航天员系统中心收集了关于苏联航天服所有可能的数据，并把它与美国已经完成和正在研制的航天服相比较。为了进行准确的分析，他们听取了公认的研究苏联压

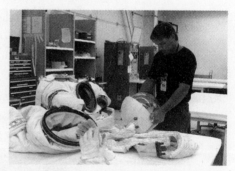

图 3.25　在中性浮力试验室的实践之前，对航天服上一顶头盔的插门进行检查

力服的专家 C·L·威尔森少校的意见。他观看了 8 ~ 10 分钟长的有关列昂诺夫舱外活动的动画图片和两部电视纪录片，这些影片看起来是用训练镜头和飞行镜头剪接起来的，因而更加难以分析他身穿航天服时的动作了。虽然试图确定航天服的各个组成部分和系统很困难，威尔森还是大体总结了以下几点：

（1）列昂诺夫所做的比较明显的手臂动作包括肩和肘的运动，没有回复到以前的位置，这点不是很令人满意（这可能是航天服的内部压力或连接件不够灵活造成的）。

（2）观察发现，戴了僵硬手套的手，以及为了用手拿取物品和让手指灵活而用的手掌和腕部的皮带，灵活度只有40%。这一观察表明，如果戴这样的手套长时间手持工具的话会感到疲劳。

（3）长长的"脐带"连接在航天器上，便于在紧急的情况下由别列亚耶夫来救援列昂诺夫，或许是"自动把列昂诺夫拉近舱门"。

（4）报道作者们的整体印象是，"航天员身穿航天服时的灵活性很一般。"但是综合所有可以得到的资料，"可以推测，在做这两个动作时，并不需要付出很大的努力。如果生命保障系统一应俱全的话，或许航天员可以在舱外进行航天飞行器的组装或者其他工作，并且工作时间可以长达1~2个小时。"很多迹象表明，苏联在关节灵活性和压力服设计的很多方面，其技术水平与美国持平。

图 3.26　在"奋进号"航天飞机的中板上穿着装有舱外机动设备的航天服

"助力枪"

列昂诺夫进行的舱外活动表明，在无法控制的"脐带"的末端，需要一个稳定航天员方向的系统。"双子星座号"航天员很快把列昂诺夫被"脐带"缠绕比喻成"像蛇一样缠绕着"。埃德·怀特受命为美国尝试使用一种新型手持机动装置，该装置名为"手持机动单元"，常常被通俗地称为"助力枪"。试验表明，拉拽模式的枪是当时最稳定的，也是最容易控制的。试验还表明，把两个排气喷嘴相对平行地放置在长臂的两端，比将它们并排放置切开口向外倾斜，所损失的冲力要小得多。由于在舱外活动手套的压力下，手指的灵活性减弱，因此推拉扳机就由整只手来完成，把"助力枪"的手置于整个装置的顶部，也有助于减少不必要的手臂和手的运动。为保证冲力都朝向重心方向，每一个推力器都被放置在方便作者瞄准的特定角度。适应姿态控制的冲力的大小，将通过均衡冲力系统来改变，而不是通过开关装置进行。

"双子星座"计划舱外活动时遇到的困难

1966年7月，在"双子星座10号"舱外活动期间，航天员感到有东西刺激他们的眼睛，同时还从他们的航天服内闻到一股怪味。这显然是由于航天服的两个风扇同时打开，氢氧化锂泄漏进他们头盔内，刺激他们的眼睛所致。在第二次舱外活动中，地面控制中心的工作人员告诉航天员，将航天服内的风扇关掉一个，以防氢氧化锂泄漏。"双子星座10号"的航天员说，在舱外活动中，他们大部分时间是在设法将身体调整和固定在适当位置。

在"双子星座11号"上，航天员的任务之一是把一根绳索从"双子星座"飞船系到与其对接的"阿金纳"目标飞行器上。与以前一样，身体和手脚的固定成为主要的问题，因为没有手、脚固定装置，航天员只得"骑"在飞船上以便用脚来固定，他的同伴笑话他是"骑飞船的牛仔"。在打开舱门之前，航天员的头盔面罩又出现麻烦，由于服装的冷却系统和热交换器未能正常工作，他仅仅工作

6分钟后，就感到又热又累，大汗淋漓，汗液流进他的眼睛。当他摸索着走回舱门时，还需要指令长的引导。

在"双子星座12号"载人航天任务取得成功后，至此"双子星座"计划圆满地完成了预定目标。作为一项既是过渡又是独立的计划，"双子星座"计划取得了许多开创性的成就，也为"阿波罗"登月计划提供了极其宝贵的经验和科学技术成果。整个飞行期间，航天员共进行了52项试验，在不同高度上拍摄了1400张地球彩色照片，全面地研究了人在太空中的实践活动。到"双子星座12号"飞行结束时，美国航天员已经有了2000小时的太空飞行记录，而此时苏联的飞行时间记录只有500多小时，在载人航天领域，美国人自此开始领先于苏联。

受苏联舱外活动的影响，美国人改变了自己原定的计划，将完全意义上的太空舱外活动提前实施，虽然在舱外活动过程中遇到了困难，但是仍然完成了全部预定目标，于是美国又来了一个大手笔，那就是"阿波罗"载人登月计划。

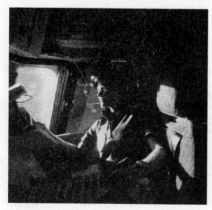 

图 3.27　萨利·赖德，第一位进入太空的美国女航天员　图 3.28　萨利在飞行坐椅上进行系统监测

"阿波罗"登月

阿姆斯特朗的登月故事

20 世纪 50 年代末 60 年代初，苏联在航天技术领域接二连三取得的成就深深刺伤了美国人。在加加林进入太空后的第二天，美国报刊上曾出现了一幅漫画，画的是乐滋滋的苏联领导人赫鲁晓夫拍着一艘篮球大小的宇宙飞船，从显得狼狈不堪的美国总统肯尼迪头上跳过去的情景。

面对国内外的舆论压力，肯尼迪深深地感到载人航天具有一种不可抗拒的力量。于是，他要求 NASA 和有关方面提交一个能和苏

图 3.29 人类在月球上的第一个脚印

图 3.30 肯尼迪在美国国会参众两院联席会议上发表登月宣言

联人一决高低的太空竞赛方案。经过认真讨论，科学家们拿出了早就在论证的计划。他们告诉肯尼迪，美国只有一个机会可以夺得第一，那就是把人送上月球。

肯尼迪采纳了这个方案。1961 年 5 月 25 日，他在国会参众两院联席会议上郑重宣布："我认为，我们的国家应当在这个 10 年结束前，达到把人送上月球并使其安全返回地球的目标。"而这时，他就任美国总统才不过 4 个月，美国第一名航天员艾伦·谢泼德乘坐"水星"飞船完成 15 分钟亚轨道飞行才不过 15 天。

从那以后，美国开始了"阿波罗"载人登月这个规模宏大的航天计划。

为了按时实现登月目标，美国投入了 250 亿美元，先后有 120 所大学、20000 家公司、400 多万人参加了这项庞大的工程。科学家们进行了浩繁的理论研究和工程技术工作，设计制造了"阿波罗"飞船、"土星 5 号"火箭，进行了各种必不可少的飞行试验，完成了机动飞行、交会对接和舱外活动，以及医学生物等科学研究，同时还对月球进行了必要的科学考察，完成了登月方案的选择、发射场的建设和航天员的选拔与训练等。

当所有的准备活动完成后，有一天，休斯敦载人航天中心的飞行主任找来 3 名航天员，像平时聊天那样告诉他们说："你们被选中了。"用不着再做任何解释，

图 3.31 "阿波罗 11 号"航天员，从左至右：阿姆斯特朗、奥尔德林和柯林斯

3 名航天员完全听明白了对方的意思——他们将飞往月球。这 3 名航天员就是尼尔·阿姆斯特朗、艾德温·奥尔德林和迈克尔·柯林斯。

1969 年 7 月 16 日，注定是个载入人类史册的日子。这天，从午夜 2 点起，来自美国各地的 100 多万名观众和来自世界各地的近4000 名记者开始云集肯尼迪航天中心。

早晨 4 点，参加登月飞行的 3 名航天员就起床了。他们洗了澡、刮了脸，然后享用了早餐：牛排、鸡蛋、咖啡、橙汁和烤面包片。吃完早餐，医生为他们检查了身体，技术人员帮助他们穿上了笨重的航天服。6 时 25 分，3 名航天员向飞船控制中心的工作人员，以及那些无微不至照顾他们的女服务员握手告别，随后坐进了送行的面包车，前往 39A 发射台。7 时 25 分，工程师从外面关闭了飞船的舱门。

按照发射顺序，首次载人登月飞行的飞船被命名为"阿波罗 11号"。其中，指挥舱和服务舱被称作"哥伦比亚"，登月舱被称作"鹰"。

美国东部时间 9 时 32 分，"土星 5 号"火箭点火升空。当火箭拖着 500 多米高的烈焰离开发射架时，人群中爆发出雷鸣般的掌声和欢呼声，很多人一边跳跃一边挥动手臂高呼："飞吧！飞上天吧！"

面对震天动地的轰鸣，一些从未经历过这种场面的观众被吓得不知所措，一些老练的新闻记者甚至忘记了自己的工作，以至美联社与国际合众社从未停止过的传真机竟然沉默不响了。但是，与此相反，飞船中的 3 名航天员却异常冷静，休斯敦载人航天中心的医生看到，阿姆斯特朗的脉搏为 110 次 / 分钟，柯林斯 99 次 / 分钟，奥尔德林最低，只有 88 次 / 分钟。

从地球到月球有 38 万千米之遥。在这漫长而艰难的旅途中，阿姆斯特朗、奥尔德林和柯林斯精心操纵着飞船顺利完成了地球轨道飞行、奔月轨道飞行和环绕月球轨道飞行。除了每天必要的工作和休息外，3 名航天员还进行了多次电视

图 3.32 "阿波罗 11 号"发射升空

转播，他们拍摄的指令舱、登月舱以及太平洋和美洲大陆的画面使地球上的亿万观众大饱眼福。

经过 4 个昼夜紧张的飞行后，"阿波罗 11 号"飞船飞到了月球的预定着陆点上空。7 月 20 日，航天员醒来后马上开始登月前的准备工作。按照预定计划，指令舱驾驶员柯林斯将单独驾驶"哥伦比亚号"指令——服务舱在环绕月球的轨道上继续飞行，指令长阿姆斯特朗和登月舱驾驶员奥尔德林将乘坐"鹰"在月球着陆。

分离之前，阿姆斯特朗和奥尔德林幽默地对柯林斯说："喂，我们要走了，很快就会回来。等着我们，别离开。"柯林斯笑着祝他们好运。阿姆斯特朗和奥尔德林又用食指和中指做了一个 V 字形手势，然后通过连接通道进入了登月舱。

一切准备工作就绪后，航天员按照休斯敦载人航天中心的命令，完成了"鹰"和"哥伦比亚号"的分离。阿姆斯特朗兴奋地向地球报告："'雄鹰'已经展翅！"2 名航天员又向柯林斯喊道："再

见，后会有期！"

为了防止发生意外情况，"鹰"和"哥伦比亚号"分离后只是稍稍拉开了一段距离，直到确认一切正常后才彻底分开，开始向月球表面降落。

成败在此一举，休斯敦载人航天中心的所有工作人员，以及全世界收看电视的 5 亿多观众和收听广播的十几亿听众都把心提到了嗓子眼儿。

可是，就在这节骨眼儿，飞船偏偏出了问题。当"鹰"下降到距离月面 9000 米时，登月舱计算机的警报灯突然亮了！出现了什么问题？地面指挥中心紧张地查找原因，原来是计算机"罢工"了。2 名航天员和地面指挥中心都意识到登月舱的轨道是不正确的。还有几分钟就要着陆了，是继续下降还是上升返回？关键时刻，2 名航天员表现出特有的沉着和冷静，他们一面不断用"沉着、沉着"的喊话互相鼓励，一面想方设法找出故障原因。与此同时，地面指挥人员也在帮助他们分析。依靠丰富的经验和学识，他们在短短几秒钟的时间里就判断出故障是计算机过载造成的，于是果断决定：不用理会警报，继续降落！果然，计算机警报灯过了一会儿熄灭了。后来才知道，两名航天员为了和"哥伦比亚号"保持联系，除了打开着陆雷达外，还打开了会合、对接雷达，这些数据给计算机造成了沉重负担。

飞船继续降落……突然，阿姆斯特朗发现飞船正处在一块岩石和一片硬地之间，计算机失灵导致他们飞过了预选着陆区，而燃料仅够用短短的 30 秒钟了！此时，阿姆斯特朗证明了他作为一名杰出的飞行员并非徒有虚名。登月舱位于月面上空大约 9144 米，阿姆斯特朗在遍布砾石和陨石坑的月面找到一处适合着陆的地方，冷静地驾驶着登月舱稳稳地降落在月球上，着陆灯亮了，尘埃四起……

美国东部时间1969年7月20日16时17分43秒，载着2名地球使者的登月舱平稳地降落在月球，奥尔德林默默地把手伸过仪表板与阿姆斯特朗的手紧紧握在一起。阿姆斯特朗立即向地球报告："休斯敦，这里是静海基地，'鹰'已经着陆。"话音未落，休斯敦载人航天中心的大厅里一片沸腾，整个世界也掀起了欢呼的浪潮。

为了保险起见，登月舱着陆后最初只被允许停留15分钟。利用这短短的15分钟，航天员对登月舱内的仪器、着陆地点等各方面情况进行了一系列检查。当确认一切正常后，停留的时间被延长到40分钟，之后又被延长到2个小时。

按照原定计划，航天员月面活动安排在9小时39分钟以后。在这之前，他们要进行2个小时的检查、两次共计1.5个小时左右的用餐、4个小时的睡眠，以及2个小时的出舱准备。但是，为了争取当晚电视直播的黄金时间，2名航天员决定不吃、不睡，提出要比预定时间提前5个小时开始月面活动。指挥中心很快批准了他们的请求，而世界各国的电视台却因毫无准备而乱成一片。

发射后109小时5分35秒，"鹰"的舱门打开了，指令长阿姆斯特朗在奥尔德林的帮助下，倒着钻出了舱口，然后按照航天医生的要求，小心翼翼地走下扶梯，以便适应只有地球1/6的月球重力。梯子只有9个台阶，但他走下来时却用了3分钟。

阿姆斯特朗先用左脚轻轻地试探了一下布满细细粉状砂砾的月球，当确认不会下陷时才把右脚放到了月面上。于是，月球上留下了一个15厘米宽、32.5厘米长的人类的第一个足迹。这是一个值得

图 3.33　奥尔德林安放月震仪

图 3.34　奥尔德林站在插在月球表面的美国国旗旁留影

全人类永远纪念的时刻——美国东部时间 1969 年 7 月 20 日下午 10 时 56 分 20 秒。

等到双脚站稳后，阿姆斯特朗怀着异常激动的心情说道："这是一个人的一小步，却是人类的一大步。"

19 分钟后，奥尔德林也踏上了月球。

这时，地球上约有 5 亿人目不转睛地看着电视机，注视着眼前发生的这激动人心的一幕，许多成年男子激动得热泪盈眶，却没有人为此感到难堪。

2 名航天员共进行了 2.5 个小时的月面活动，他们安插了用尼龙制成的美国国旗。由于被镶嵌在金属丝框里，所以即使在没有风的月球上，国旗也仿佛在猎猎飘扬。他们采集了

图 3.35　航天史上最为著名的照片之一，阿姆斯特朗做了一回摄影师，奥尔德林的头盔中，可以看到他的身影

22千克的月球岩石和土壤标本，安放了月震仪、电视摄像机、激光反射器和太阳风探测仪。他们还揭开了一个塑料盖，显露出安装在"鹰"下降段扶梯上的一个薄薄的金属纪念牌，上面镌刻着地球的东西两个半球和这样一句话："1969年7月，太阳系的行星——地球上的人类第一次在月球上留下了足迹。我们代表全人类来这里进行一次和平的旅行。"

正当航天员在完成各种月面作业时，美国总统尼克松从白宫打来电话，向2名航天员表示祝贺。他对两位远在38万千米外的航天员说："我认为这是一次最有历史意义的谈话。我们为你们骄傲，这是难以用语言表达的。今天是我们一生中最值得骄傲的日子，由于你们的成功，宇宙变成了人类世界的一个组成部分。"

舱外活动时间过得很快。2小时31分钟以后，2名航天员恋恋不舍地爬进了登月舱。然后，他们脱掉月面活动服，换上了舱内航天服，并再次打开舱门，将月面活动服连同舱外作业使用的背包、绳索等用不着的用具扔到月球上。做完这些事情，连续工作了15个小时的已经疲惫不堪的航天员开始稍事休息。

7月21日下午1时55分，在月面停留了21小时36分钟后，两名航天员乘坐登月舱的上升段飞离了月球。

从月球起飞的"鹰"利用上升段发动机迅速升高，很快便与环绕月球飞行的指令——服务舱"哥伦比亚号"实现了会合对接，然后甩掉已经完成使命的"鹰"，3名航天员一起乘"哥伦比亚号"踏上回家的征程，随后，柯林斯对地球上的电视观众说："不管在哪里旅行都一样——回家永远是最美的。"

为了迎接登月归来的3名航天员，美国派出了54架飞机和9艘舰船，以及 7000 多名海军官兵。美国总统尼克松也乘坐"大黄蜂号"航空母舰赶到预定海域迎接。"大黄蜂号"航空母舰是"阿波罗 11 号"飞船的打捞船，它的官兵们把"大黄蜂加

图 3.36 "阿波罗 11 号"航天员在纽约受到盛大欢迎

三"作为完成这次任务的誓言，意思是 2200 名返航的官兵中要加上 3 名航天员。

1969 年 7 月 24 日 12 时 50 分 22 秒，太平洋地区太阳升起前 25 分钟，"阿波罗 11 号"的指令舱平安地溅落在太平洋的海水里。在经历了 8 天 3 小时 17 分 22 秒的月球探险之后，3 名航天员重新回到了地球怀抱。

指令舱溅落后，"大黄蜂号"航空母舰开足马力驶向溅落地点。从直升机上跳下的潜水员，对指令舱进行了严格的检疫和消毒。然后，航天员穿上从直升机上投下的黑色隔离服，乘直升机登上航空母舰，钻进一间公共汽车大小的移动隔离室。

当 3 名航天员进入隔离室后，总统尼克松在军乐队高奏的乐曲中，站到隔离室前接见航天员。他高兴地对 3 名航天员说："这一周是开天辟地以来最伟大的一周。由于你们各位取得的成就，全世界人民更加亲近了。我是世界上最幸福的人，受到了全世界一百多个国家元首的祝贺。"

"阿波罗"登月计划密码解读

登月装备

登月装备之———登月舱

经过长达 7 年的研制，登月舱（Lunar Module，简称 LM）终于得以问世。跟我们平时看见的外表一般呈流线型的飞行器不同，登月舱呈棱形体。因为太空中和月球上的大气阻力非常小，舱体的形状几乎不影响飞船的飞行。而且舱口改成了方形，这样更便于航天员穿着航天服，带着便携式生命保障系统出入。登月舱重 14.7 吨，宽 4.3 米，最大高度约 7 米，分为下降级和上升级。主体是上升级，由航天员座舱、返回发动机、推进剂贮箱、仪器舱和控制系统组成。航天员完成月面活动

图 3.37　"阿波罗 11 号"登月舱

图 3.38　"阿波罗 17 号"登月舱，也是"阿波罗"计划最后一次登月任务

121

后驾驶上升级返回环月轨道与指挥舱会合。下降级由着陆发动机、4条着陆腿和4个仪器舱组成。为了安全着陆，下降段的发动机可令飞船减速，4条着陆腿起到缓冲作用，使登月舱平稳地站立在月球表面。

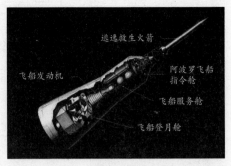

逃逸救生火箭

飞船发动机

阿波罗飞船指令舱

飞船服务舱

飞船登月舱

图 3.39 "阿波罗"飞船安装示意图

登月装备之二——航天服

参与"阿波罗"计划的航天员每人都有3套航天服：一套正式使用，一套备用，还有一套供训练用。一般说来，航天员登月时都穿正式航天服，但如果在发射前发现服装被撕破或有其他故障，则穿备用航天服。"阿波罗"飞船上也有"脐带"式软管线与航天服相连。那么，"阿波罗"航天服与之前的航天服相比究竟有哪些不同呢？

头盔 头盔使用高强度的聚碳酸酯，与服装用压力密封颈环相连，可以方便地戴上和脱掉。"阿波罗"头盔的结构与之前航天员的头盔不同。"水星号"和"双子星座号"航天服的头盔贴近航天员的头部，可以随航天员的头转动；"阿波罗"航天服的头盔则固定在服装上，航天员的头可以在头盔内自由转动，但头盔是动不了的。当航天员在月面上活动时，头盔外面还要加上一层特制的面罩，以保护航天员的眼睛免遭紫外线的损伤，同时它还有一定程度的隔热作用。

月球靴 要在月面上行走，航天员们还必须穿上特制的月球靴。其实，"阿波罗"航天服上已经带有一双加压靴，它们与服装相连，形成一个整体。月球靴是套在加压靴外面使用的，它们分为两层：外层用金属编结的织物制成，靴底是有棱纹的有机硅橡胶；内层用涂特氟纶的玻璃纤维织物，多层卡普纶膜和玻璃织物组合制成。它们不仅重量轻，而且隔热性能好。

登月装备之三——便携式生命保障系统

这就是"阿波罗"航天员背在背上的"大背包"。便携式生命保障系统向航天员提供呼吸用的氧气、温度、湿度、冷却用的水，并屏蔽太阳辐射、维持服装内的压力以及与地面的无线电通信联系。背包可保证航天员在月面上活动8小时，返回登月舱后还可以重新补充氧气和充电，以备下一次月面活动时使用。

登月途径

由于涉及不同星体间轨道的转移，所以"阿波罗"的登月过程比一般地球轨道的飞行要复杂得多。

轨道交会方案

"阿波罗"飞船载人登月采用月球轨道交会方案，即将载有3名航天员的"阿波罗"飞船发射到月球轨道上，其中2名航天员通过对接通道进入登月舱，与"阿波罗"飞船分离后，登月舱下降段的发动机会打开片刻，使登月舱到达距月面大约14千米的高度上时，登月舱会再次加力，向月球表面下落。最后航天员操纵登月舱发动机，实施减速降落在月面上，进行月面探险。而另一名航天员则留在飞船的指令舱中继续进行绕月球轨道飞行，并进行科学实验。返回时，月面上的2名航天员启动登月舱的上升级发动机，飞回月球轨道，与指挥舱交会对接。等到航天员都安全回到指挥舱后，抛掉登月舱的上升段，脱离月球轨道返回地球。再进入大气层前，抛掉服务舱，指令舱带着3名航天员落入太平洋。

所以，"阿波罗"载人登月计划中，除了那12名登上月球的航天员外，还有6名航天员也飞到了月球上空，只是没有降落在月面上而已。他们在环绕月球的轨道上工作，并等待和接应登月航天员，功劳也不小，他们的名字同样值得我们铭记，他们是：柯林斯、戈登、鲁萨、沃登、马丁利、埃文斯。

航天员站着登月

有趣的是，2名航天员必须站着登月，换句话说，他们是站在登月舱的上升段内，通过窗口观察外面的情况。

其实，在登月舱最初的设计中，航天员是有坐椅的，而且前方是安排了两个窗口的。较大的一个窗口与航天员的眼睛平齐，窗口距航天员的眼睛约60厘米，较小的一个窗口靠近航天员的膝盖，4个窗口的总面积达到11平方米。但这样的设计很不合理：首先，由于窗口面积过大，航天员暴露在阳光下的面积也较大，而缩小面积又会影响航天员的视野；其次，由于窗口距航天员的眼睛较远，视野有限，在着陆过程中给航天员对着陆点的观察造

图3.40　在肯尼迪航天中心进行舱外活动训练时模拟收集月球样品

124

成了极大的困难；此外，窗口过大，重量也大。经过反复试验，大家发现原来站着才是最简单、经济的方法，所以最终的设计是让航天员站着，眼睛靠近窗口向外观察，这样既扩大了视野，又使窗口面积和重量大大减小。

链接："阿波罗"登月计划大事记

1969 年

7 月　在"阿波罗 11 号"任务下，航天员阿姆斯特朗和奥尔德林成为首批登上月球的人，航天员柯林斯则驾驶着指令舱绕月飞行。

11 月　在"阿波罗 12 号"任务下，航天员康拉德和比恩在月球上行走，而航天员戈登则负责驾驶指令舱。

1970 年

4 月　氧贮箱破裂导致"阿波罗 13 号"任务失败。航天员洛弗尔、斯威格特和海斯安全返回地球。

图 3.41 　"阿波罗 13 号"航天员在制作临时二氧化碳过滤器　　图 3.42 　一块石头（1～2 米长）的特写，由 2 名"阿波罗 16 号"登月计划的航天员发现

1971 年

1 月　"阿波罗 14 号"成功进行第三次载人登月，将航天员谢

波德和米切尔送上月球，而航天员鲁萨则负责驾驶指令与服务舱。

7月　在"阿波罗15号"任务下，航天员戴维·斯科特和欧文首次在月球上使用月球漫游车，而航天员沃登则负责驾驶指令舱。

1972 年

4月　在"阿波罗16号"任务下，第5艘成功登月的飞船把航天员扬和杜克送上月球，而航天员马丁利则负责驾驶指令舱。

12月　"阿波罗17号"完成了"阿波罗"计划中时间最长的一次飞行任务。航天员塞尔南和施米特登上月球，埃文斯则负责驾驶指令与服务舱。

图 3.43　塞尔南在出舱时向插在月球表面的美国国旗敬礼

图 3.44　"阿波罗17号"航天员塞尔南在检查月球车

图 3.45 "阿波罗 17 号"航天员施米特站在一块裂开的岩石旁

链接:"阿波罗"之最

在月面停留的最短时间——21 小时 36 分("阿波罗 11 号")

在月面停留的最长时间——75 小时 58 分("阿波罗 16 号")

舱外活动最短时间——2 小时 24 分("阿波罗 11 号")

舱外活动最长时间——22 小时 5 分("阿波罗 17 号")

最小活动范围——0.9 千米("阿波罗 11 号")

最大活动范围——30 千米("阿波罗 17 号")

太空如画，一时多少豪杰

列昂诺夫开创了太空行走的先河，证明了人类在太空中进行出舱活动的可能性，从此出舱活动已成为航天员进行太空探险的一部分。40 多年过去了，世界上也诞生了很多太空行走的英雄。

马斯格雷夫和彼得森得：首次从航天飞机上出舱的航天员

[英雄小档案]

斯托里·马斯格雷夫与唐纳德·彼得森得是美国的航天员，他们于 1983 年 4 月 4 日至 9 日在"挑战者"航天飞机上出舱，是首次在航天飞机上出舱的航天员。

斯托里·马斯格雷夫出生于波士顿，在马萨诸塞州他父母的农场中长大。18 岁到美国海军部队服役，司职航空电

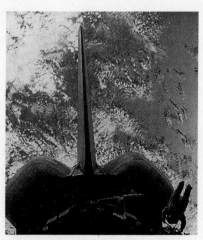

图 3.46　马斯格雷夫与彼得森得在"挑战者号"航天飞机上表演太空行走

工和设备技师，服役期满后，他于1958年进入锡拉丘兹大学就读，获数学与统计学类科学学士学位。大学毕业后，他进入柯达公司，从事业务分析工作。接下来的几年中，他获得了加利福尼亚大学洛杉矶分校的业务分析与计算机编程的工商管理硕士学位，随后又取得玛丽埃塔学院的化学学士学位，并且在1964年，获得哥伦比亚大学的医学博士学位。离开柯达公司后，他在列克星顿的肯塔基州医学中心大学担任外科实习医生，进行空军与医学中心合作项目的博士研究，并同时额外获得了生理学与生物物理学硕士学位。

1967年8月，马斯格雷夫被NASA选拔成为第一批航天员——科学家中的一员。经过完整的航天员培训，他参与到了太空实验室的设计与研制项目中，成为第一次太空实验室行动的修补飞行员。他在1983—1996年共完成太空飞行6次，合计53天，1996年1月，马斯格雷夫在"哥伦比亚号"航天飞机上完成了最后一次太空飞行任务。他也是航行次数最多的航天员。

[精彩回放]

1983年4月4日至9日，马斯格雷夫和彼得森得参加"挑战者号"航天飞机的处女航，在这次航天任务中，他们进行了第一次航

图3.47 "挑战者号"航天飞机从帕姆代尔工厂被转移到爱德华兹空军基地

图3.48 航天飞机与空间站对接

天飞机外的太空行走。

"挑战者号"是美国研制的第二架航天飞机。与第一架航天飞机"哥伦比亚号"相比，它在结构、材料和设备方面都有一些改进："哥伦比亚号"不装燃料时重量为 75 吨，"挑战者号"由于使用了改进的内部燃料箱，重量比"哥伦比亚号"减轻 4.5 吨，因而能装载更多货物；防热瓦有所改进，采用了新型的加固砖瓦片。此外，航天员的坐椅、着陆系统、仪表盘都有所改进。

"挑战者号"的首航，曾由于某些技术问题由原定的 1983 年 1 月 20 日推迟到 1983 年 4 月 4 日。"挑战者号"首航共完成了两项主要任务：发射一颗重两吨半的跟踪和数据中继卫星；航天员斯托里·马斯格雷夫和唐纳德·彼得森得进行第一次太空行走。他们走出"挑战者号"的座舱，于失重情况下在敞开的货舱里，系上安全带行走和活动了近 4 小时。

"挑战者号"于 1983 年 6 月和 8 月，又进行了第二和第三次飞行。在第二次飞行时，把美国历史上的第一位女航天员萨利·赖德送上了太空。美国的第一位黑人航天员布卢福德空军中校，是在第三次飞行时进入太空的。1985 年 4 月 29 日第一位美籍华裔科学家王赣骏博士参加了"挑战者号"的第七次飞行，并负责失重状态下流体动力学的研究。

图 3.49　航天飞机驾驶舱

图 3.50　图片上可见到航天飞机的部分主要引擎

链接：航天飞机与载人飞船的异同

　　航天飞机是以火箭发动机为动力的具有飞机外形的往返于地球表面和近地轨道之间，可以重复使用的载人、载货飞行器。它是集火箭、航天器和航空器技术于一体的综合产物。目前航天飞机的主要任务是承担建造"国际空间站"的运输任务。

　　在载人航天器中，载人飞船和航天飞机主要负责"跑"运输，它们或在太空自由翱翔，或来往于地面和空间站之间，运送航天员和货物。目前正在建造的"国际空间站"就是用它们作为运输工具，接送了一批又一批航天员、各种舱段和仪器设备以及补给用品。所以这俩"兄弟"又称为天地往返运输器，即相当于太空交通车，可以说它们是载人航天的大动脉。

　　然而，载人飞船和航天飞机两者最显著的不同就是前者无"翅膀"，后者有"翅膀"，因而它们在功能上有很大不同，各有千秋。

　　1981年4月12日，在卡纳维拉尔角肯尼迪航天中心聚集着上百万人，参观第一架航天飞机"哥伦比亚号"航天飞机发射。航天员约翰·杨和克里平揭开了航天史上新的一页。但这次飞行，他们没有出舱。

图3.51　"哥伦比亚号"航天飞机首次发射升空

图 3.52　航天员在"哥伦比亚号"航天飞机飞行甲板尾部的另
　　　　一侧向队友挥手致意

图 3.53　"亚特兰蒂斯号"航天飞机

图 3.54　"发现号"航天飞机乘员舱的外部俯视图

麦坎德利斯和斯图尔特：第一批"人体卫星"

[英雄小档案]

麦坎德利斯与斯图尔特是美国的航天员，他们于1984年2月7日从美国"挑战者号"航天飞机上出舱，先后实现无安全索的太空行走，成为第一批"人体卫星"，两人还在太空中修理了一项科学实验装置、一架照相机和松了的绝热层，为救援"太阳峰期考察卫星"创造了可能。

[精彩回放]

1984年2月7日，美国"挑战者号"航天飞机的2名航天员麦坎德利斯和斯图尔特先后实现在太空行走，并且在航天记录上还留下了一个词汇——"人体卫星"。

麦坎德利斯第一个出去。他背着喷气背包离开了货舱，从背包里喷发出的氮气，推动他出了舱320英尺，他像一颗人造卫星悬浮在漆黑的太空中。麦坎德利斯在太空中待了90分钟后，回到了货舱。他把背包交给了斯图尔特。

斯图尔特出舱时，在短时间内，手腕上曾系着安全带，但他很快就把安全带解开了，他开始离开航天飞机。他"飘"到离航天飞机92米处的太空中，65分钟后回舱。

这2名航天员和航天飞机以每小时17400英里（每小时28000千米）的速度与航天飞机一起，在离地265千米的高空环绕地球"漂浮飞行"，成为第一批"人体卫星"。但是在太空中并没有这种速度感觉。

喷气背包试验是要表明航天员能够在不系安全带的情况下回收和修理飞行中的卫星。这两人已在太空中修理了一项科学实验装置、一架照相机和松了的绝热层。当时的航空科学家们预定下一次的飞行中，一名航天员将用喷气背包移动到有毛病的"太阳活动峰期考察卫星"那里，把它抓住，然后带回货舱，更换一个有毛病的电子箱。

"人体卫星"飞行为修理在太空中发生故障的人造卫星和建造永久性空间站创造了条件。它于1984年4月正式投入使用。那时有一颗"太阳峰期考察卫星"停止工作，据说，只是一个价值一美元的保险丝受损。如果另发射一颗同类卫星替代，需要耗资2.3亿美元。航天员于4月10日乘坐航天飞机第11次"航班"上天，然后走出"挑战者号"，在机械臂的帮助下，修理好了这颗卫星，修理费只花了5000美元。

图 3.55 "人体卫星"

萨维茨卡娅：第一个进行舱外活动的女航天员

[英雄小档案]

萨维茨卡娅于1948年8月4日生于莫斯科。她的父亲是一位曾两度荣获"苏联英雄"称号的空军元帅，母亲是位教育工作者，后从事党务工作。父亲的飞行员生涯和母亲的良好教育，对萨维茨卡娅的成长产生了深刻影响。她从小就对火箭技术感兴趣，对加加林的太空飞行十分向往。

和第一位航天女英雄捷列什科娃一样，萨维茨卡娅从中学起就开始练跳伞，以便今后从事飞行职业。她先是背着父母偷偷参加了奇卡洛夫中央航空俱乐部，后来才被父亲知道，并受到鼓励。

在跳伞和飞行训练中，她有意识地控制自己的情绪，从不放过任何小事，以培养稳重从事的能力和自制、守纪、细致、谨慎的作风。当她17岁时，已完成了500次跳伞，成为一名跳伞健将，并创下3项跳伞世界纪录。在莫斯科航空学院飞机制造系的第二学年，她便在一个航空俱乐部业余驾驶雅克18飞机练习飞行，两年后掌握了驾驶技术。父母担心参加飞行会影响女儿的学业，但萨维茨卡娅很会安排时间和精力，做到了学习、飞行两不误，并在紧张的飞行活动中锻炼了自学能力，最后终于取得了学习成绩优异、飞行受到奖赏的双丰收。大学毕业后她成为一名航空教员，并立志当一名试飞员。

萨维茨卡娅大学毕业后，经过艰苦努力，终于成为该校第一名女试飞员。在苏联，妇女进入试飞员学校此前还没有过。在试飞员学校，她克服各种困难，学习驾驶喷气式飞机的飞行技术和本领，不断创造歼击机飞行高度和速度的飞行纪录，并在1970年在英国举行的高级特技世界锦标赛上，以完美准确的特技飞行获得世界冠军。此后，她还与另一名女飞行员在雅克40飞机上创造了两项飞行世界纪录。

1976年，萨维茨卡娅从试飞员学校毕业，美梦成真，成为赫赫有名的雅克福列夫飞机设计局的一名试飞员。到1980年为止，她已跳伞 500 多次，创 3 项跳伞世界纪录；掌握 20 多种型号飞机的驾驶技术，飞行 1500 多小时，创 18 项飞行纪录，至今还有几项由她保持。所以在 1980 年挑选女航天员时，飞机设计局一致推荐了她，使萨维茨卡娅实现了她成为加加林式航天员的理想。从此，她把全身心献给了未来的太空飞行事业。

1982 年 8 月 19 日，萨维茨卡娅乘"联盟 T-7 号"飞船进行第一次太空飞行。1984 年 7 月 17 日，她第二次乘"联盟 T-12 号"飞船上天，7 月 25 日进行了太空行走。7 月 29 日，世界上第一名在太空行走的女航天员萨维茨卡娅回到了地球的怀抱。

图 3.56　萨维茨卡娅

[精彩回放]

1965 年，苏联航天员列昂诺夫拴着安全带飞离宇宙飞船 5 米，在空间漂浮 12 分钟，首创太空漫步奇迹。女航天员们也不甘示弱，1963 年 6 月 16 日，苏联培养了第一位飞天女英雄捷列什科娃，她乘"东方 6 号"飞船升空，3 天后返回地面。而更令世人瞩目的是苏联还培养了第一位在太空行走的女性。1984 年 7 月 27 日，塔斯社向全世界播发了震惊世界的消息，萨维茨卡娅成为世界上第一位在太空行走的女性。她和指令长贾尼别科夫于 7 月 25 日走出"礼炮 7 号"空间站，在舱外进行了 3 小时 39 分钟的活动，用万能手动工具连续完成了切割、焊接和喷涂等复杂任务。此举不仅使苏联在美苏太空竞争中又一次占先，而且以铁的事实再次证明，即使在尖端领域，女性也不比男性差。

其实，在这次太空行走的前两年，即1982年，萨维茨卡娅就已乘"联盟T–7号"飞船，与另外2名男航天员到"礼炮7号"空间站上待过一次，成为人类第二个上天的女航天员。这次太空行走是她故地重游。

1984年7月17日，萨维茨卡娅与2名男航天员乘"联盟T–12号"飞船第二次上天。萨维茨卡娅此行的目的就是到"礼炮7号"空间站舱外进行舱外试验工艺操作。因为女子进行太空行走在当时是史无前例的，所以萨维茨卡娅此行的意义非常重大。

7月18日，飞船与"礼炮7号"空间站顺利对接，飞船上的3名航天员和空间站上的3名航天员胜利会师。此后，新来的3人马上为太空行走做准备。虽然工作紧张和睡眠不足，使萨维茨卡娅有些消瘦，但她精力旺盛，毫无倦意。她清楚，将要进行的几小时太空行走，凝聚着多少人许多年的心血，对未来载人航天有举足轻重的影响。

这次太空行走的主要任务不光是为了争夺女子太空行走第一，还要试验和研究在太空中进行修理装配的实际操作，以便今后建造永久性航天基地。其中重要的一项是萨维茨卡娅在舱外使用一种万能手动工具连续完成切割、焊接、喷涂等操作项目。这种万能手动工具形状像一架多镜头摄影机，在地面有30千克，穿着航天服在太空操作也是一件极其劳累的事情。它的最大优点是功能多，可用于对飞船进行维修、保养，以提高零部件的功能和使用寿命；能喷涂金属防护层；可以安装大型射电望远镜、反射镜等。

在太空行走有巨大的危险，要防高温、低温，防 X 射线辐射，还要特别防止焊接时熔化的金属滴落在航天服上，因为假如航天服上烧出一个小洞使压力丧失，航天员就会命丧太空，所以必须做到万无一失。

1984 年 7 月 25 日，太空行走这一伟大而艰巨的时刻终于来到了。萨维茨卡娅在前，指令长扎尼别科夫在后，他们由通道舱门走出空间站进入太空，然后小心翼翼地带着万能手动工具走到空间站外壁的一个折叠平台上。萨维茨卡娅先"站"在一个特殊的踏板上，将双脚固定在上面，使自己稳固不动，在她面前是已经固定好的万能手动工具，工具的体积为 400 毫米 × 450 毫米 × 500 毫米，重量约 2.5 千克，工作电压为 750 伏。她在舱外首先用电子束切割了一块固定在样品板上的金属样品，然后把两块金属板焊成一块。接着，她又换一种工具，将银喷涂到铝上。与此同时，扎尼别科夫用摄影机拍摄了这一切，并向地面转播。

萨维茨卡娅的太空作业十分娴熟，准确无误，她还不时传来报告。"我已开始工作。""我已接通电源，工具开动了。切割缝不很平整，但很好看。我用模板盖上了。现在进行第二种作业，撤动按钮，焊接金属了。""焊缝平直，美观。我又要试验第三种作业了。在焊成的样品上有红色斑点，我开始打平它。"地面人员提醒她："可以开始喷涂作业了。"她答道："好！"地面人员又提醒："再过1 分钟就要进入地球阴影区了。"她的所有动作都经过事先的设计和训练。在下一个通话时间里，萨维茨卡娅宣布："我已对第一块模板进行了金属喷涂，样子很好看。在进行钎焊时曾形成了闪亮的金属滴。"

她的作业顺利完成了，但她还想干。然而计划是不能打乱的，所以只好让扎尼别科夫进行试验了。全部任务完成后，他俩向电视观众展示了万能手动工具和加工的样品，然后回到舱内。他们在太空作业了3小时39分钟。萨维茨卡娅在这一过程中体重减轻了3千克，可见工作之艰辛。

1984年7月29日，世界上第一名在太空行走的女航天员萨维茨卡娅回到了地球的怀抱。此后不久她便完婚，并于1986年10月喜得贵子，这时她已38岁，从而得以证明太空生活对妇女生育无根本性影响。在300千米的高空中，女航天员第一次走出舱外实验和作业的成功表明，妇女不仅能在载人空间站上工作和生活，而且也能在舱外的宇宙空间有效地从事各种作业活动。

链接：人类第一位女航天员瓦莲金娜·捷列什科娃

瓦莲金娜·捷列什科娃，于1937年3月6日出生于苏联雅罗斯拉夫尔州图塔联夫区马斯连尼科沃村。1955年中学毕业后进入纺织厂工作。此后她边工作边学习，还参加航空俱乐部的跳伞活动，后者使她身体锻炼得非常健壮。她向往蓝天，希望能上天翱翔。

1963年6月16日驾驶的"东方6号"航天飞船飞向太空，捷列什科娃成为世界上第一位飞进宇宙的女性。她一共飞行了70小时40分钟49秒，绕地球48圈。

苏联英雄、上校捷列什科娃本来是一名跳伞运动员。1961年12月加入航天员的训练队伍。次年3月入党。训练期间她刻苦地钻研火箭技术，学习飞船结构方面的理论知识，顽强地锻炼身体。她

总是尽最大努力去完成医生及设
计师对她提出的任何学习和训练
任务。

飞行后捷列什科娃也进入茹科
夫斯航空工程学院学习，并以优异
的成绩领取了毕业证书。

后来她与驾驶"东方3号"飞
船飞行的航天员尼古拉耶夫结为
伉俪，组成了世界上第一个航天员
之家。

图 3.57　瓦莲金娜·捷列什科娃

图 3.58　训练中的捷列什
科娃

图 3.59　苏联的首批航天员，下面是他们的签名

焦立中：第一个进行舱外活动的华裔航天员

[英雄小档案]

焦立中于 1960 年生于美国威斯康星州密尔沃基市一个殷实的华
人家庭，父母原籍中国山东省，20 世纪 50 年代移居美国。焦立中
在加州大学伯克利分校获得学士学位后，进入加州大学圣塔巴巴拉

分校，获硕士和博士学位，专业一直是化学工程。1990年，他被列入世界科学工程名人录。他还分别于1994年、1996年和2000年获得3枚空间飞行奖章，该奖章只颁发给有杰出贡献的美国航天员。

化学工程博士听起来跟航天员并不搭界，但实际上，美国的航天员来自各个领域，有军队的飞行员，也有物理、化学和医学等方面的专家。焦立中8岁那年，美国的"阿波罗"飞船登上月球，使他萌生了当航天员的梦想，进大学后就向NASA提出了申请。据焦立中回忆，当时申请的人有2500多个，最后录用的只有23人。

进入NASA之后，焦立中于1994年参加了"哥伦比亚号"航天飞机的飞行，时间为353小时55分钟，绕地球236圈，其间完成了80多项科学试验。1996年，焦立中参加"奋进号"科学考察，进行了2次太空行走，总太空行走时间为19分钟。2000年，他又随"发现号"再度升空。而这次在国际空间站，焦立中主要负责电子设备实验室的飞行软件校验工作、全体人员的装备、训练和飞行数据的文件汇总等。焦立中是第一个在太空行走的华裔航天员以及第一位在太空参加美国总统大选投票的航天员，还是在太空居住时间最久的美国航天员之一（共计完成了6次太空行走），他也是全世界第一位华裔国际空间站站长。

[精彩回放]

焦立中于1996年1月15日从搭载的"奋进号"航天飞机中走出，在太空中进行了长达6小时的太空行走。他的任务是站在15米长的机械臂顶端的脚蹬上，帮助另一位航天员巴里将一个5.3米长、113千克重的铝制支架安置到航天飞机敞开的载货舱面上，然后把6米长的电缆附加在支架上。其目的是实地实验为建造阿尔法

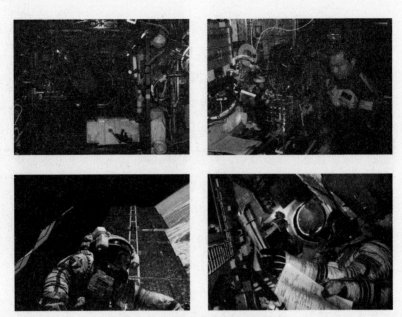

图 3.60　焦立中在国际空间站工作中（组图）

国际空间站所设计的设备和装配技巧，同时还测试保暖性能得到改善的太空服。这项任务计划用 6 小时 30 分钟，实际仅用了 6 小时 9 分钟就完成了。焦立中是继张福林和王赣骏之后的第 3 位华人航天员，也是第一位进行太空行走的华人航天员。

　　焦立中说，航天员的生活充满成就感，也很浪漫，但与此同时，也要承受与常人不同的压力。航天员需要天赋和持之以恒的努力，缺一不可。

　　焦立中是个寡言的人。2000 年"发现号"回来后，乘组人员接受记者采访，其他人都侃侃而谈，而作为一号航天员的焦立中却只说了短短几句话，而且仅与技术问题有关。但这并不妨碍他有深沉的情感。这一次，刚刚结婚 1 年的焦立中戴着结婚戒指飞往太空。

焦立中的妻子卡伦说，她已经把照片、私人卡片和准备在太空中开启的信件转交给焦立中，"并且我还准备了一个'关怀礼包'，其中有他最喜欢吃的零食和照片等作为礼物"。此外，他还带上了一面中国国旗和一朵用香港石英石雕成的玫瑰花。

焦立中给人印象最深刻的是那张永远的笑脸，无论在演讲、回答问题、谈话、照相前的准备，还是在接受访问的时候，他总是会露出笑容。即使一个问题他已经重复回答过了几十次，他依旧会笑脸相迎。就算以后再没机会上天，他也豁达地表示"太空中的活动空间太狭小了，我愿意把机会让给没有太空经历的其他航天员"。

图3.61 "奋进号"航天飞机

链接：第一位进入太空的华裔航天员王赣骏

1985年4月29日，美国宇宙飞船"挑战者号"载着5位科学家和2只松鼠猴及24只白老鼠在美国佛罗里达州卡纳维拉尔角升空。

宇宙飞船上5位科学家中包括2位医生、2位物理学家和1位化学工程师。其中2位物理学家中的一位就是王赣骏博士——第一位进入太空的华人，也是第一位在太空从事自己设计的科学实验的科学家。

1974年，王赣骏建议在宇宙飞船上做"零地心吸力的液体状况"实验，这在世界上是史无前例的。1976年，NASA公开征求在宇宙飞船上进行的科学实验项目，结果在全美共500多个实验应征计划中，王赣骏的"零地心吸力的液体状况"（又称"无重状态下研究液滴状况"）项目成为获准接纳的14个项目之一。

1978年夏末，NASA向王赣骏发出函件，正式通知他接受太空实验的飞行任务，并表示："荣幸地向你祝贺。"

从1983年开始，王赣骏不辞劳苦，紧张忙碌地奔波于美国加利福尼亚州、亚利桑那州、佛罗里达州和太空训练馆之间，接受航天训练，以适应太空生活环境。

他于1985年4月23日上午11时15分，进入美国得克萨斯州休斯敦太空中心，与外界隔绝，接受升空之前的临战训练。

在王赣骏之后，张福林是第二位进入太空的华裔航天员，他的祖父曾跟随孙中山进行革命，失败后亡命海外，自广东省前往哥斯达黎加安身立命。1967年张福林完成初中教育，只身投靠定居美国东北部的叔父，十年后获得麻省理工学院电浆应用物理的博士学位。

张福林在1998年的第六次"宇宙飞船"飞行任务中，曾替诺贝尔物理学奖获得者丁肇中所主持的"磁谱仪"计划从事高能物理的实验，希望发现反物质，试图打开宇宙之谜，该趟飞行也促成王赣骏和张福林两位杰出华裔科学家合作的佳话。

144

图 3.62　王赣骏

图 3.63　张福林

福阿莱和卡列里：第一次无人留守的太空行走

2004年2月26日，美国航天员迈克尔·福阿莱和俄罗斯航天员亚历山大·卡列里在国际空间站上同时出舱进行太空行走。这是自2000年11月国际空间站住人以来，航天员们首次在站内无人留守的状态下进行太空行走。

此前，空间站上的航天员们一直是在至少有一人在站内留守的情况下进行太空行走的。留守航天员的任务是监测系统，观察太空行走的航天员并帮助他们返回空间站太空舱。但2003年"哥伦比亚号"航天飞机失事后，美国剩余3架航天飞机一直停飞，空间站主要依赖俄罗斯飞船运输航天员、货物和给养，空间站也不得不"裁员"，长住居民人数由3人减为2人，处于人员紧张状态。

这次太空行走计划持续 5 个半小时左右，主要任务是：更换空间站外由日本和俄罗斯提供的一些科学实验设备；在空间站外放置一个激光反射装置，以确保拟于 2005 年发射的欧洲无人货运飞船与空间站能够精确对接；更换空间站上老化的天线；把欧洲航天局的一个电子人体模型"兰多先生"安放到俄罗斯"星辰号"服务舱外，测量宇宙射线对人体的长期影响，为今后进行的火星载人飞行做准备等。

当 2 位航天员出舱行走太空 3 小时后，卡列里忽然报告他头盔内出现水汽，航天服内"出奇暖和"。几分钟后，他又通过无线电向地面控制人员发送消息："令人吃惊的是，我的头盔里（好像）下过雨。面盔板上都是水（汽）。"虽然他的视线并没有受较大影响，但收到消息的俄罗斯航天局官员当即决定让他们提前结束太空行走，并建议卡列里马上休息，不要活动。所以他们实际只在太空中行走了 3 小时 35 分钟，任务也只完成一大半。他们更换了空间站外一些科学实验设备，并安装了新的装置，但没来得及为无人货运飞船做早期准备。

回到空间站以后，福阿莱检查了卡列里的太空服。地面控制技术人员估计毛病出在太空服的温控装置上。

此前，地面控制人员曾为这次太空行

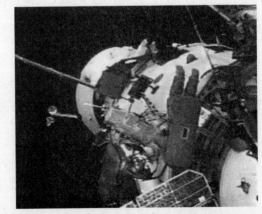

图 3.64　航天员们首次在站内无人留守的状态下进行太空行走

146

走做了大量准备，并进行了长达数月的安全分析。

然而"人算不如天算"，最终导致太空行走提前结束的却是一个关于太空服温控装置的小故障。大家的失望之情可想而知了。

塞勒斯和福萨姆：第一次利用机械臂和延伸长杆进行太空行走

[英雄小档案]

塞勒斯和福萨姆是美国航天员，他们于 2006 年 7 月 4 日乘"发现号"升空，7 月 8 日美国东部时间下午 4 时 49 分进行首次太空漫步，修理国际空间站的外部设备和零件，并顺利完成了一项大胆的实验——第一次利用机械臂和延伸长杆进行太空行走。

[精彩回放]

自从"哥伦比亚号"于 2003 年初解体，导致 7 名航天员罹难后，NASA 花了 13 亿美元改善穿梭机的安全装备，包括在机身加装摄影机及感应器，并改良 30 米长的机械臂。

"发现号"航天飞机于美国东部时间 2006 年 7 月 4 日下午 2 时 38 分从佛罗里达州约翰·肯尼迪航天中心腾空而起，成功进入运行轨道。在发射过程中，又发现有数片小的泡沫隔热材料的碎片落下，有一片甚至击中了穿梭机。虽然 NASA 一再强调没有大碍，但仍然希望进行较深入的检查，以确保穿梭机回航时万无一失。一些专家仍然担心，"发现号"的保护罩可能受到损害。

技术人员需要一周左右的时间，才能确定在这次升空过程中脱落的隔热材料是否确实击中了穿梭机。

当时，航空工作者们的计划是：如果在升空过程和飞行过程中的影像数据显示，飞落的隔热材料对"发现号"造成了严重影响，那么航天飞机上的航天员将全部转移去国际空间站。接下来，将进行一次冒险的抢救工作：派遣"亚特兰蒂斯号"前往空间站迎接航天员回地面。但是，"亚特兰蒂斯号"同样面临着泡沫隔热材料脱落的风险。至于"发现号"，NASA 在考虑让它在无人驾驶的情况下自动返航。

实际结果，比设想的结果要好得多。

2006 年 7 月 8 日美国东部时间下午 4 时 49 分，"发现号"上其中 2 名航天员进行首次太空漫步，修理国际空间站的外部设备和零件，并顺利完成了一项大胆的实验。他们出动穿梭机 15 米长的机械臂，机械臂的末端再绑上一支 15 米的长杆，其中一名航天员把自己绑在长杆的末端，机械臂来回移动，试验其灵活性和稳定性。

由于机械臂和长杆加起来足足 30 米长，这项任务带有一定的危险性。如果证实可行的话，航天员将来便可利用机械臂和延伸长杆，检查和修理穿梭机的腹部。

进行这次太空漫步的 2 名航天员是塞勒斯和福萨姆，而绑在太空臂和长杆上的航天员是塞勒斯。他事后说，当时觉得自己好像一条被人绑在鱼丝末端的小虫一样。整个太空漫步过程花了 7 个半小时完成。按照计划，在这次旅程中，"发现号"上的航天员还会再进行 2 次太空漫步。

塞勒斯和福萨姆均表示，在整个太空漫步过程中，他们完成了大部分既定的任务，包括修理好国际空间站受损的运送系统，虽然期间也遇到一些困难，但不算是大困难。

他们也花了一些时间，好好利用独特的位置欣赏宇宙风光和美丽的地球。福萨姆说:"好漂亮呀!好像做梦一样,希望无人唤醒我。"

美国东部时间 7 月 10 日上午 8 点 13 分,"发现号"机组中的"太空行走二人组合"再度出舱,历时 6 小时 47 分钟,顺利完成第二次太空行走任务。

塞勒斯和福萨姆于 12 日上午再一次走出国际空间站,开始了此次飞行任务中的第三次,也是最后一次太空行走,并顺利执行了真正的检查和修理任务。

图 3.66 太空中的自由飞翔

图 3.65 国际空间站的机械臂

图 3.67 在机械臂上进行太空行走

帕拉金斯基：史上最危险的太空行走

2007年11月3日，美国航天员帕拉金斯基完成历时7个多小时的太空行走，成功修补了一块太阳能电池板。由于修复工作极其艰苦，很多美国媒体将此次工作誉为"史上最危险的太空行走任务"。

帕拉金斯基现年46岁，在担任航天员之前曾是一名急救医生。现在他的"病人"变成了国际空间站。2006年10月底，太阳能电池板上就出现了裂缝。NASA曾多次警告，如果不修复这块太阳能板，国际空间站的工作将全部暂停。

帕拉金斯基必须行走约1小时才能到达破损点，可在一般情况下，航天员太空行走离开工作舱的距离不会超过半小时的路程。在进行修复工作时，还可能会受到损毁的太阳能板100多伏电压的电击。为防止遭电击，帕拉金斯基使用的所有金属工具外都包裹了三层绝缘胶带，他还在自己航天服的手套外加了一副手套。帕拉金斯基先剪掉一个铰链和缠成一团的电线，再装上5个自制"袖链"加固破损铰链，使35米的太阳能电池板能完全展开。NASA太空行

图3.68 损毁的太阳能电池板

图3.69 修复太阳能电池板（一）

图 3.70　修复太阳能电池板（二）　　　图 3.71　修复太阳能电池板（三）

走训练中心主管都形容，安装"袖链"过程"好像戴着拳击手套缝纫"，你就可以想象工作难度有多大了。

当"病愈"后的太阳能电池板完全展开时，空间站内的航天员们兴奋地欢呼："干得漂亮！太好了！"

佩吉·惠特森：太空行走女王

美国东部时间 2007 年 12 月 18 日 11 时 46 分，美国女航天员佩吉·惠特森和航天员丹尼尔·塔尼进行了自己的第 5 次太空行走，

这一度令人精神振奋，因为这是国际空间站自建站以来的第 100 次太空行走，意义非比寻常。同时，这次太空行走还诞生了一位"太空行走女王"。

惠特森和塔尼的"发现真相"之旅耗时 6 小时

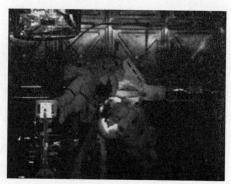

图 3.72　国际空间站指令长佩吉·惠特森进行太空行走

56 分钟，他们的任务就是寻找空间站太阳能电池板相关设备先前出现的几个故障的原因。这次行走结束时，惠特森的太空行走时间累计达到 32 小时 36 分钟。于是 NASA 宣布，惠特森成为世界上太

图 3.73　美国"太空行走女王"诞生

空行走累计时间最长的女航天员，是当之无愧的"太空行走女王"。

链接：航天史上十大著名太空行走

到 2006 年 9 月 13 日为止，人类已经有 158 名航天员完成了太空行走，下面选出最令人惊讶的 10 次，让大家一起感受人类飞向太空的奇迹。

1. 1965 年的 5 月 18 日，苏联航天员列昂诺夫完成了世界航天史上第一次太空行走，他在离飞船 5 米处活动了 12 分钟，完成了目视观测、拆卸工作及其他实验。

图 3.74　列昂诺夫（组图）

2.1965 年 6 月 3 日，埃德·怀特成为美国历史上第一个实现太空行走的人。当时他在舱外活动了 21 分钟，活动范围是飞船外 7.6 米。

图 3.75　埃德·怀特

3.1984 年，麦坎德利斯身穿一身特殊定制的航天服，离开太空船 100 米。这是人类史上第一次自由的太空行走，之前的航天员在舱外活动时身上都系着一根绳。

4.1994 年，航天员马克·李在太空中为 NASA 的 SAFER 系统进

图 3.76　阿尔弗雷德·沃顿

图 3.77　航天员站在 4.5 吨重的国际电信通信卫星上正在进行紧张的工作，从左至右依次是：理查德·赫伯、托马斯、埃克

行了一次测试。SAFER 是一种装备在航天员背上的推进装备，依靠人工操作喷射氮气而获得推动力。

5.1971 年 8 月 5 日，阿尔弗雷德·沃顿在 27.5 万千米的高空进行了一次太空行走，时间长达 41 分钟，这是人类史上在最远的太空进行的一次太空行走。

6.1983 年，马斯格雷夫和彼得森得 2 位航天员第一次在航天飞机上表演了太空行走。

7.1993 年，理查德·赫伯、托马斯和埃克 3 名航天员在太空中对国际电信通信卫星进行了一次救援行动。

图 3.78　杰瑞·L·罗斯

8.1994 年，杰瑞·L·罗斯在"亚特兰蒂斯号"的机械手臂上表演太空行走。

9."哈勃"是绕地球运行的一个太空望远镜，也是唯一一个被航天员维护的太空望远镜。它已经接受了 4 次航天员的维修任务，最后一次维修任务于 2008 年 9 月进行。

图 3.79　维修"哈勃"

10. 从 1998 年开始，航天员们开始了艰难的组装国际空间站的工作。

图 3.80　航天员罗伯特·科宾和克瑞斯尔·弗格桑正在对国际空间站进行组装工作，当时他们正好飞过新西兰上空，背后映衬着美丽的蓝色地球

链接：中国学生与国际空间站航天员的对话记录

2007 年 8 月 26 日，在南京三中，中国的 20 名学生与国际空间站航天员进行了通话，这是中国中学生（含港澳台地区）第一次通过学校业余电台与国际空间站航天员实现直接通话。以下为太空航天员回答中国学生提问的文字实录。

1. 你能从空间站看到中国的长城吗？

答：我现在还没看到长城，但是我正在寻找，希望知道在哪儿可以看到。

2. 在空间站工作是否会出汗？如果有，如何处理？

答：是的，在太空我们流汗。因为没有重力，所以我们必须用毛巾把汗擦去。

3. 如果在空间站发生泄漏，你们会采取怎样的紧急措施？

答：如果我们有空气泄漏，我们会把泄漏的部分隔绝，并且向空间站的主机靠得更近。

4. 你们怎样处理空间站产生的垃圾？

答：我们把垃圾放在罐子里，再把这些罐子放在运输车上，把运输车释放到太空中。当它落到地球大气层上时，它会自动燃烧。

5. 国际空间站里非常安静吗？

答：没有，国际空间站很吵。所有的风扇和水泵制造噪声，以至于我们需要戴耳机。

6. 您的家人怎样看待您在空间站工作？

答：我们一家人觉得这很酷。他们为我感到自豪。他们为我能够从事这项工作而感到很高兴。

7. 在国际空间站里，植物会向什么方向生长？

答：5 天前我开始种植物。但是还没有见到它们。我相信它们会随着光的方向生长。

8. 在空间站怎样获得氧气供应？

答：我们从好几个地方获得氧气：第一，从运输车的罐子里获得氧气；第二，从航天飞机上的罐子里获得氧气；第三，我们通过分解水的过程获得氧气；第四，我们燃烧特制的氧气蜡烛获得氧气。

9. 您通过黑障区时是怎样的感受？

答：没什么区别。等一会儿你就可以再次取得联系。

10. 空间站里有机器人吗？

答：是的，我们拥有产于加拿大的机械手。

11. 空间站每小时飞行多远？

答：每小时 28163 千米或每秒钟 8.05 千米。

12. 你们如何控制空间站在自己的轨道上运行？

答：它逐渐下降，越来越靠近地球。

13. 如果您在空间站生病了会如何处理？

答：幸运的是，我们舱内有医生欧莱格博士，他是个非常好的医生。

14. 如果和地面失去联系，航天飞机能否自动回到地球？

答：运气不好的话会有可能与地面失去联系。我们通过使用"Soyuz"飞行器来回到地球。

15. 您在空间站亲眼看到过太空垃圾吗？

答：我曾看见附近有东西在不停地旋转。但是很小，不能确定是什么。

16. 我们的地球看起来和以前有什么不同？

答：我们看到有很多火在燃烧，也看到有云、雪和高山。但对我来说没有什么不同。

17. 空间站和地球的最远距离有多远？

答：407.44 千米。

18. 空间站里使用的是哪个时间？

答：格林威治时间。

19. 在太空行走的感觉如何？

答：很酷，很美，我很享受太空行走。

20. 从太空中看星星是什么样的？

答：星星不再像地球上看来那样闪烁。因为没有大气层，没有污染，所以显得更清晰。

图 3.81　太空生活（一）——航天员给地球拍照

图 3.82　太空生活（二）——谁"上"谁"下"？

图 3.83　太空生活（三）——吃饭

图 3.84　太空生活（四）——漂在空中的食物

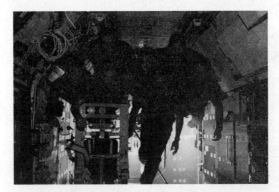

图 3.85　太空生活（五）——集体飞人

图 3.86　太空生活（六）——漂浮着工作

航天员在完成舱外活动任务中，曾发生过大量的故障和问题。这方面的资料具有参考价值和意义。舱外活动系统的设计人员研究这些资料，从中吸取经验和教训，避免重犯错误。

第四章
途中的险阻

　　他们做了无畏的牺牲，把他们的生命和毕生的精力全部奉献给了国家和全人类。

——里克·赫斯本德

　　如果我们死了，我们希望我们的人民能接受它。因为我们从事的是充满危险的事业，因此我们希望无论我们发生了什么事情，都不要延误航天计划的进行。毕竟，探索太空是值得冒生命危险的。

——格斯·格里索姆

　　休斯敦，我们遇到了麻烦。

——吉姆·洛弗尔

太空行走可能遇到的危险

在载人航天活动中，由于载人航天器太复杂，稍有不慎，就有可能出现故障与事故，尤其是在航天器的发射、返回以及空间交会对接过程中。一旦出现故障与事故，将直接影响到航天员的生命安全。

舱外航天服的故障

航天员在舱外行走有两种方式：一种是用早期研制的脐带式的生命保障系统与乘员舱连接，航天员身穿航天服，航天员所需要的氧气、压力、冷却工质、电源和通信等都是通过脐带由"母体"载人航天器提供的。由于脐带不能过长，所以航天员只能在"母体"航天器附近活动，如果远离了航天器，则容易使脐带缠绕，像婴儿那样"窒息"而死。另一种是后期发明的装在航天服背后的便携式环控生保系统。航天员出舱后与"母体"航天器分离，由于身穿舱外航天服，背着便携式环控生保装置，以及太空机动装置，航天员可到离"母体"载人航天器 100 米处活动。

有人称载人机动装置是太空"摩托艇"，因为它装有推进系统，并能"自由"机动飞行。例如，美国航天飞机第 10 次飞行时，航天员使用的机动装置有 24 个氮推力器，利用推力器工作，航天员可以进行 6 个自由度的飞行。载人机动装置外形像一个背包，航天员通过手控器控制其高压氮气从安装在不同部位的推力器喷出，就能改变飞行的速度、方向和姿态，成为名副其实的人体地球卫星。

太空处于真空状态，没有大气层的保护，温度变化很大，太阳照射时温度可高于 100℃，无阳光时温度可低于－200℃，同时存在各种能伤害人体的辐射。为保障航天员在舱外活动中能安全、健康和有效地完成任务，需要有出舱航天服、航天员在舱外乘坐的机动装置、完成任务所需的工具、固定航天员身体的设备及安全带等装备。

舱外航天服是舱外活动中最重要的装备。它将航天员的身体与太空的恶劣环境隔开，并向航天员提供大气压力和氧气等维持生命所需的各种条件。

由于宇宙飞船、空间站、航天飞机这些载人航天器密闭舱内的人造气压和空气组成基本与地面相同，因此人体内吸有一定量的氮气，而航天服内的气压较低，仅为大气压的 27.5%。航天员如果猛然出舱，溶解在脂肪组织中的氮气游离出来不能通过血液带到肺部排出而形成气泡，可能造成气栓堵塞血管，引发严重疾病。所以航天员出舱前需要吸取纯氧将体内氮气排出，以排除隐患。

1984 年"STS—41C"航天飞机上的航天员遇到了"小的尿污染问题"。当时他穿着的液冷服成了"海绵"，吸收了大部分的尿液，但头盔中出现了雾。飞行后的检查显示，没有尿液通过空气循环系统进入头盔，雾气的出现是因为航天员觉得太冷，降低了液冷服中冷却水的流速，冷却水流速减小可降低通风速度，所以使水汽凝结在面罩内。这次太空行走的主要任务是维修卫星，由于载人机动装置停靠位置不当，未能固定住需要维修的卫星，维修任务失败。

1991年7月21日，航天员阿尔特谢沃尔科夫在太空行走中，由于航天服热交换器故障而导致头盔面罩雾化。航天员克里卡列夫不得不引导他返回"和平号"气闸舱舱门。

1992年2月20日，航天员阿尔特谢沃尔科夫在舱外活动刚一开始时，由于航天服在"和平号"上存放的时间过长，航天服的热交换器堵塞。他只能将服装连接在航天器的冷却系统上，在气闸舱的舱门附近活动。

图4.1　在"发现号"航天飞机的气闸舱内对两件装有机动设备的舱外航天服进行检测

1995年7月19日，航天员航天服的冷却系统出现故障，面罩的雾化严重地影响了航天员的视线。幸运的是航天员离主舱门很近，可以接入

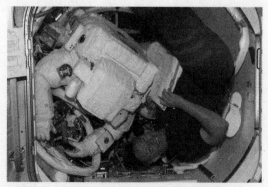

图4.2　气闸舱内，航天员和配有出舱机动装置的航天服

空间站中的主供应系统。但是如果距离很远，够不着主供应系统，那就非常危险。

预防减压病

苏联的"联盟11号"飞船在返回地球时，飞船按程序启动制动火箭。在再进入大气层前，返回舱和轨道舱分离。但连接两舱的分离插头分离后，返回舱的压力阀门被震开，密封性能被破坏，返回舱内的空气泄漏，舱内迅速减压，而当时航天员没有穿着航天服，结果致使3名航天员乔治·多勃罗沃尔斯基、弗拉基斯拉夫·沃尔科夫、维克多·帕查耶夫因急性缺氧、体液沸腾而死亡。当欢迎他们归来的人群打开舱门时，看到的却是像活人一样静静坐在位子上的3名遇难的航天员。这是航天史上一次极为惨痛的事故，教训是深刻的。

导致苏联这3名航天员遇难身亡的是减压病。那么，究竟什么是减压病呢？我们生活在地球表面时，人体受到大气层的压力为一个大气压，人体在这样的压力下不仅生活正常，与外界气体交换也正常。但是，如果外界气压下降过大，人体组织内的气体因外界压力低往外逸出。氧气是人体需要的，逸到哪里都可以。但氮气往人体组织外逸出就会使人体产生皮肤发痒、关节与肌肉疼痛、咳嗽和胸闷等症状。这种从高压变成的低压所引发的身体疾病就是减压病。

如果所设计的载人航天器乘员舱采用的是接近地面大气的压力制度，航天员进入航天器内时就不必进行吸氧排氮。如果所采用的

165

是半个大气的压力制度（60％氮，40％氧）时，航天员在进入载人航天器之前，就得把体内多余的氮气排出，用氧气代替它。这是因为在一个大气压的普通空气中生活时，人体中氧气只占21％，而氮气占79％。

航天员到舱外活动时，身穿的航天服系统中的压力比舱内的压力要低。因为目前载人航天中只有低压航天服，还没有研制出实用的高压服装（航天服中的压力太高，不仅在工程实现上难度很大，还会使航天员的运动和工作操作发生困难）。所以为了防止减压病，航天员在进行出舱（舱内采用一个大气压的压力制度）准备，穿低压航天服之前必须把体内多余的氮气排出，用氧气来代替它，其方法就是吸入纯氧。这一过程则简称为吸氧排氮。吸氧排氮还涉及时间问题，如果航天服内的压力相对较大，或者说它与舱内压力水平接近，而且舱内的含氧量大，则吸氧排氮的时间就短，反之则长。

空间碎片的袭击

2005年1月17日，在距离地球表面885千米的近地轨道，寂静的太空突然传出震耳欲聋的巨响，黑暗中闪出一团巨大的红色火球，随后大小不一的碎片伴随着巨大的冲击波进向四方。

美国《太空》杂志随后详细介绍了发生相撞的两位"主角"的来历：1974年，美国成功发射了ThorBurner 2A火箭，并将一颗人造卫星顺利送入了预定轨道。随后，该火箭的最后一级推进器就一直滞留在近地轨道上，一待就是31年；2000年，中国"长征4号"运载火箭顺利升空，第三级火箭在完成使命后，火箭残骸也顺势滞留在了太空，并在相邻的近地轨道上运行。

令人意外的是，原来"井水不犯河水"的两截火箭残骸在运行过程中因其中一截突然改变轨道而不期而遇。NASA 和国际太空垃圾观察家将此次事件形象地比喻为"太空碰碰车"。

在历史上的太空相撞事件中，"犯罪记录"最突出的就是"阿丽亚娜号"火箭的残骸。1986 年，"阿丽亚娜号"火箭进入轨道之后不久便爆炸，释放出 564 块大于 10 厘米的残骸和 2300 多块小碎片。后来这些残骸和小碎片在绕地球轨道飞行的过程中，先后导致两颗日本通信卫星和一颗法国卫星"命赴黄泉"。

空间碎片又称太空垃圾或轨道碎片，包括废弃的航天器和报废卫星，火箭外包装，碰撞和对接期间产生的金属片、螺母和螺栓，"不慎"丢弃的工具，大块冰冻火箭燃料，以及从载人飞船上扔下的航天员排泄物等。1965 年，在美国航天员第一次太空行走期间，"双子星座 4 号"航天员埃德·怀特丢失了一副手套。在随后一个月中，手套以时速每小时 1.75 万英里在太空飞行，成为有史以来最为危险的服装用品，直至它几个月后在地球大气层化为灰烬。

当航天员离开飞船的保护，进行太空行走时，他们就会面临被太空垃圾伤害的危险。现在的"软式"太空服允许太空服的纤维受压时弯曲，而且它的每一层

图 4.3　一个外部燃料箱从"亚特兰蒂斯号"航天飞机上被丢弃

都有许多极其微小的洞，设计时使得任何两个小洞都不能形成一个太空尘埃进入太空服内层的通道。

图 4.4　2007 年 3 月 27 日晚，一架由智利飞往新西兰的民航客机，在南太平洋上空险遭太空垃圾击中

太空垃圾主要分布在低地球轨道（距地面 2000 千米以下）和地球静止轨道（距地面 36800 千米）。低地球轨道上的太空垃圾受高层大气阻力作用，轨道不断衰减，最终再入大气层陨毁。而较高轨道上的空间碎片会长时间地留在太空中，日夜不停地围绕地球运行。据有关资料统计，迄今为止，人类已向太空发射了 5000 多颗各类航天器，其中有几千颗已成为太空垃圾在轨道上遨游。放眼望去，环地球轨道已经是一个"超级垃圾场"，目前已经有约 3000 吨太空垃圾在绕地球飞奔。这其中大约有 3.3 亿个直径大于 1 毫米的物体，大到废弃卫星和各类航天器的金属部件，小到固体发动机点火产生的残渣和粉末。其中地面可以观测到的最大碎片与一辆公共汽车相当，最小的与一个垒球相当。

最令人担心的是，太空垃圾的存在对于在太空中运行的航天器来说，简直就是天敌。由于空间碎

图 4.5　电脑合成显示被太空垃圾包围着的地球

片与航天器之间的相对速度很大，一般为每秒几千米至几千千米，因此，两者即使是轻微碰撞，也会造成航天器的重大损坏。一块仅有阿司匹林药片大的残骸就能将人造卫星撞成"残废"，可将造价上亿美元的航天器送上绝路。航天器的体积越大、飞行时间越长，遭遇太空垃圾袭击的风险也就越大。为了尽量减少航天器在太空受到垃圾残片的袭击，美国现有的航天飞机体积很小，飞行时间也减少，只有几天或十几天。即使这样，他们也曾有4次因为躲避太空垃圾残片而改变了飞行姿态。

链接：清理太空垃圾的对策

为了控制和减少太空垃圾对人类造成的潜在威胁，航天专家们提出清理太空垃圾的对策，归结为四个字。

"避"，就是加速发展现代太空监视系统，对太空垃圾进行严密的监视与跟踪，并采取有效的技术手段，使航天器及时避开太空垃圾。

"禁"，就是国际上制定有关空间法规，禁止在空间进行试验和部署各种武器，限制发射核动力卫星，使空间成为为人类文明服务的和平空间。

"减"，就是发射航天器的国家应采取措施，尽量减少太空垃圾的增加，并对末级火箭采取未燃尽推进剂和高压气体排空，避免末级火箭爆炸。

"清"，就是发展太空垃圾清除技术，对已完成任务的运载火箭末级，采取转移轨道措施，使其返回大气层烧毁，同时，对已达到预定寿命的卫星，让其获得逃逸速度，远离近地空间或转用清除装置进行清除。

迷路的危险

在太空行走的航天员由于没有参照物，无法分清物体的远近大小，并判断其速度快慢，如无保险措施，很容易丢失在茫茫太空中而成为"人体卫星"。所以太空行走需要采取保险措施——用安全带将航天员与航天器连接起来，防止航天员在太空中走失。

图 4.6 航天员站立在可移动的脚部固定装置上，此装置被安装在遥控系统的机械臂上

图 4.7 航天员双脚被固定在国际空间站遥控系统的脚部固定装置上

图 4.8 太空行走

太空行走小事故

太空行走是风险很大的一项航天活动。因为太空环境非常恶劣：没有气压，没有氧气，阳光下温度高达120℃，背阴处温度低于−100℃，还有大量的宇宙辐射。太空行走时必须使用复杂的舱外活动设备，包括气闸舱、舱外航天服、微型生命保障系统和载人机动装置等，将航天员的身体与太空恶劣环

图 4.9　国际空间站的加压连接适配器上新安装的扶手，以确保太空行走的安全

图 4.10　固定在国际空间站尾部的脚部固定移动板上

境隔离开，并向航天员提供一个能工作的环境。

舱外活动设备不仅复杂、昂贵，有时还会出现故障。他们中任何一个"生病"都可能威胁到航天员的生命安全。

飞船、空间站、航天飞机上的航天员在太空行走时，都发生过形形色色的故障，有的还很危险，差点使出舱的航天员有去无回，成为"人体卫星"。

"上升2号"飞船太空行走事故

1965年3月18日，苏联航天员列昂诺夫成为世界上完成舱外活动的第一人。他出舱后不久，航天服充气膨胀，弯曲胳膊和腿都很困难，更麻烦的是导致12分钟后他结束舱外活动返回座舱时无法进入舱门。由于时间紧迫，他没有征求地面控制中心的意见，便毅然决定将航天服内的压力调低20％。

按规定程序，他应该先进脚后进头。慌乱中，他颠倒了进入程序，先进头后进脚。气闸舱的直径是1.2米，列昂诺夫穿着航天服的身高是1.9米。他不能在圆筒形的气闸舱中将身体转过来，关闭身后的舱门。他反复弯曲自己的身体，想将身体转过来，但都无济于事。后来，他不得不冒着患减压病的风险，再次调低航天服内的压力。他终于转过身来，将气闸舱的舱门关闭上，对气闸舱重新加压。回到飞船座舱中时，他已大汗淋漓，航天服里面全是汗水。后来测量，他的体重减了5.4千克。

"双子星座号"飞船太空行走事故

"双子星座9号"上的吉恩·塞尔南在舱外活动开始时，由于航天服加压而感到身体僵硬，四肢不能弯曲。刚一出舱，他便感到手、脚没有固定的地方，而且没有任何办法减少他的体力消耗。

当他想按计划戴上航天员机动装置时，发现面罩内有雾，看不见周围，不能飞行。指令长决定中止这次舱外活动。

由于舱外活动中身体过度用力，塞尔南的航天服背部外层被划破，受太阳光照射，他的背部被晒伤。太阳光的热还损坏了航天服的生命保障系统。舱外活动结束后，返回飞船座舱时，他在斯坦福尔德的帮助下才得以进入座舱。

1966年7月，在"双子星座10号"舱外活动期间，迈克·柯林斯和约翰·扬感到有东西刺激他们的眼睛，同时还从他们的航天服内闻到一股怪味。这是由于航天服的两个风扇同时打开，氢氧化锂泄漏进他们头盔内，刺激了眼睛。在第2次舱外活动中，地面控制中心的工作人员告诉航天员，将航天服内的风扇关掉一个，以防氢氧化锂泄漏。"双子星座10号"的航天员说，在舱外活动中，他们大部分时间是用于设法将身体调整和固定在适当位置。

在"双子星座11号"上，迪克·戈登的任务之一是把一根绳索从"双子星座号"飞船系到与其对接的"阿金纳"目标飞行器上。与以前一样，身体和手脚的固定成为主要的问题。因为没有手、脚固定装置，乔丹不得不"骑"在飞船上，用脚来固定。皮特·康纳德说他是"骑飞船的牛仔"。打开舱门之前，戈登的头盔面罩又出现了麻烦。由于服装的冷却系统和热交换器未能正常工作，他工作6分钟后，又热又累，大汗淋漓，汗流进他的眼睛。当他摸索着走回舱门时，需要指令长康纳德的引导。

"阿波罗号"飞船太空行走事故

1969年3月，"阿波罗9号"航天员患严重的航天运动病。在飞行的第2天，航天员吃完早餐后突然呕吐。当时，他正准备穿航天服，以便进行舱外活动。一小时后，他又吐了一次。地面控制中心的医监和医保专家召开了紧急会议。考虑到舱外活动的安全，特别是怕航天员在舱外穿着航天服和戴着头盔时再呕吐，因为如果发生这种情况，呕吐物将留在头盔内没法处理，航天员还可能将它们吸入肺中，造成严重后果，因此，原计划2小时的舱外活动不仅被推迟，而且时间也大大缩短。

"礼炮号"空间站太空行走事故

1977年12月20日，格雷克科在"礼炮号"空间站气闸舱内观察着罗曼年科的太空行走。罗曼年科将头伸出舱门外，身体即将离开空间站，但他忘了系安全绳索。此时，格雷克科手疾眼快，一把拽住了他。

当他们结束太空行走，关上气闸舱的舱门时，两个人都大汗淋漓。他们启动控制系统，关闭气闸舱的减压阀时，阀门没有关上，数据显示阀门被卡住了。如果减压阀不能关闭，气闸舱不能重新加

压，2名航天员就
不能进入"礼炮
号"空间站。

飞行控制人员
要求他们再试一
次，最后减压阀被
关上了。气闸舱重
新加压，2名航天
员终于进入空间站。

图 4.11　国际空间站上顺着桁架的导线

"和平号"空间站太空行走事故

1990 年 7 月 17 日，2 名航天员经过"量子 2 号"气闸舱走出空间站。他们在气闸舱还未完全减压时就打开舱门。舱门打开时气体涌出来，损坏了门的铰链，使他们在结束舱外活动后关舱门时遇到困难。

"和平号"空
间站上新的"海
鹰"型舱外活动服
有独立的生命支持
系统，设计的工作
寿命是 8 小时，在
"和平号"舱外活
动期间不使用脐

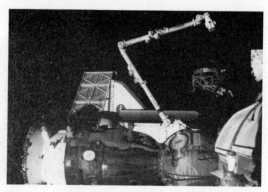

图 4.12　"亚特兰蒂斯号"航天飞机从国际空间站出舱

带。因此一名航天员要待在舱门区附近，当他的同伴继续进行舱外活动时，支持同伴的活动。

6小时后，航天服内的消耗品几乎用完，他们匆忙返回气闸舱。当他们关舱门时发现关不上，舱门还留有2.5厘米大小的缝隙。他们决定采用应急程序，通过"量子2号"的应急气闸舱，关闭了内舱门。最终在7个半小时后脱掉了航天服。

1997年2月23日，"和平号"上的两台基本电解生氧装置连续出现故障，站上的3名航天员改为使用高氯酸锂装置来生产氧。航天员拉佐特金在"量子1号"舱内制氧时，制氧设备突然破裂，引起火灾，明火燃烧了90秒钟，烟雾弥漫到整个空间站。航天员们都戴上了防毒面具，浓烟持续了5~7分钟。幸好站上的空气过滤系统性能良好，没有给航天员造成更大危害。4月6日，俄罗斯"进步M34号"货船升空，8日与"和平号"对接，为"和平号"送去了3个灭火器、电解生氧备件、燃料和生活用品。

链接："挑战者号"失事

1986年1月28日早晨，成千上万名参观者聚集到肯尼迪航天中心，等待一睹"挑战者号"腾飞的壮观景象。上午11时38分，发射指挥员开始倒计数：

图4.13 遇难的7名航天员

"10，9，8……3，2，1，发射！"耸立在发射架上的"挑战者号"点火升空，直飞天穹，看台上一片欢腾。这是"挑战者号"航天飞机自1983年4月4日首飞后的第10次飞行，也是NASA实施的第55次载人航天飞行。

在飞行控制室里，杰伊·格林和他的发射人员聚精会神地坐在控制台前，一边注视着面前的屏幕，一边听着耳机里卫星所发出的松脆的沙沙作响的声音。这时，"挑战者号"的3台主发动机已恢复到最大推力，操作正常，燃料箱和辅助动力设备情况良好，速度为688米/秒，高度为8000米。

"挑战者号"发射前及发射时连续多天的气温过低，已造成助推火箭连接处的"O"形合成橡胶密封圈失去弹性，实际上已经无法起到密封作用。它在火箭点火后受热而发生了破裂，造成燃料外泄。无论是计算机、航天员，还是地面的任何人，都没有预料到会突然从右面的固体火箭助推器的尾部安装接头处，爆发出一缕橘红色的火光来。火焰越来越大，沿着向后的气流向下偏斜，喷向外挂燃料箱。

以后的3秒钟里，火箭上一个小小的火焰变成了一个巨大的喷灯。先是烧烤着燃料箱，接着就和它的铝皮相接触了。燃料箱里的液氢和液氧迅速变成气体，剧烈地膨胀起来，压力向爆炸点逼近。当这个受着压力的液压箱被破坏的时候，那些挥发性的燃料立即沿着向后的气流冲出并被点燃，破裂的外挂燃料箱几乎是立刻就失去了它结构的完整性而化为碎片，成吨的氢气燃料从箱子下端燃起，后面的支柱从箱子上脱落，巨大的助推器猛烈地绕着它上面的支柱向内旋转起来，助推器的"鼻子"猛地磕在液氧箱子上，把它撞破了。

很快，成百吨的火箭燃料引爆了，在大西洋上空15千米处，形成了一个巨大的以超音速行进着的燃气团，主发动机的火箭燃料泵又继续转动了一会儿，贪婪地吞吸着、燃烧着管道里剩下的燃料和氧化剂，接着，根据计算机的指令，这些发动机又一一被自动关掉，就像一个个忠实执行命令的士兵。

"挑战者号"跌落了下来。它受到地球引力的支配，已经完全不受它的飞机构架的约束了。几乎在外挂燃料箱结构破裂的同时，轨道器也与推进器脱离了。这种组合体一裂开，轨道器对面的助推器也撕裂了，白热的火箭燃

图 4.14　1986 年"挑战者号"升空时发生爆炸

料也从右翼部分烧起，两个助推器都向上倾斜着。它们的燃料还只消耗了一半，形成了喷吐着火箭燃料的一个巨大的双叉形舌头。

在地面，人们只见亮光一闪，正在迅速上升的"挑战者号"顷刻间化成了一个橘红色的火球，随后像一朵盛开的鲜花，绽放在蔚蓝色的天空中。同时，两个固体火箭推动器脱离火箭，像脱缰的野马，失去了控制，拖着烈火和浓烟向前冲去，形成了羊角似的两支巨大烟云，在火球和烟云中散射出无数碎片。正当人们惊愕之余，一声巨大的闷响，在人们的头顶炸开："挑战者号"航天飞机爆炸了！

又过了不到一秒的时间，轨道器成了碎片，从那一团膨胀着的燃气云中间盘旋着脱离出来。虽然这个轨道器按原来的设计最大限度只能经受 3 倍于重力的空气动力压力，但是，现在突然要它承受 20 倍重力的压力，它的结构却仍然没有完全破裂，相反，竟奇迹般地按照原来的组成分裂开来。它的两翼往不同的方向分开，机舱的有效载荷部分连同其携带的货物，竟然完整无损地保留着，只是焊接起来的铝制的航天员起居舱掉离了下来。轨道机动发动机和反作用控制系统上的挥发性自燃式火箭燃料，一经接触立即就燃着了，

178

给燃气云又涂上了一层熔融了的橘红色。

时间凝固了。在观众席上的人们和全世界坐在电视机前的亿万观众，亲眼目睹了这一人类历史上最惨的空难全过程。

这次事故中，共有7名航天员遇难，其中包括2名女航天员。其中特别引人注目的是第一次以平民身份参加太空飞行的女教师麦考利夫，她原计划将在太空给她的学生进行现场授课，不幸的是献出了宝贵的生命。

遇难的7名航天员分别是：

机长弗朗西斯·斯科比，46岁；

驾驶员迈克尔·史密斯，40岁；

航天员朱迪恩·雷斯尼克，36岁；

航天员罗纳德·麦克奈尔，35岁；

航天员埃利森·鬼冢，39岁；

航天员格里高利·杰维斯，41岁；

女教师克里斯塔·麦考利夫，37岁。

链接："哥伦比亚号"航天飞机失事

"哥伦比亚号"是NASA拥有的航天飞机之一。它的命名由来，是为了纪念第一艘环绕世界航行一周的美国籍船只——18世纪的帆船"哥伦比亚号"。

"哥伦比亚号"是美国航天飞机中第一架正式服役的，它在1981年4月12日首次执行代号为"STS—1"的任务，从此正式开启了NASA的太空运输系统计划。

2003年1月16日，"哥伦比亚号"进行了它的第28次飞行。这也是美国航天飞机22年来的第113次飞行。

然而很不幸的，"哥伦比亚号"在2003年2月1日，在代号为"STS—107"的第28次任务重返大气层的阶段中与控制中心失去联系。不久后，"哥伦比亚号"航天飞机被发现在得克萨斯州上空爆炸解体，机上7名航天员全数遇难。

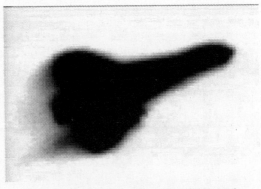

图 4.15 "哥伦比亚号"与地面失去联系前的最后照片

"哥伦比亚号"机舱长 18 米，能装运 36 吨重的货物。它的外形像一架大型三角翼飞机，机尾装有三个主发动机，和一个巨大的推进剂外贮箱，里面装着几百吨重的液氧、液氢燃料。推进剂外贮箱附在机身腹部，供给航天飞机燃料以进入太空轨道；外贮箱两边各有一枚固体燃料助推火箭。整个组合装置重约 2000 吨。在返航时，它能借助于气动升力的作用，滑行上万千米的距离，然后在跑道上水平降落。与此同时，在滑行中，它还能向两侧方向作 2000 千米的机动飞行，以选择合适的着陆场地。

据 NASA 的官员介绍，一架航天飞机可以反复使用 75～100 次，在 NASA 42 年的载人飞行史上，航天飞机在返航时还未出现过事故。虽然在此前的 1986 年，美国"挑战者号"航天飞机在升空不久后曾发生爆炸，造成 7 名机组人员全部遇难。

事故发生后，由于无法迅速找回事发时的泡沫材料和燃料箱进行检验，NASA 和事故调查委员会一直没对事故原因作出最终定论。后来，"哥伦比亚号"外部燃料箱约 50 万块碎片已被找到并重新拼在一起。NASA 负责"哥伦比亚号"外部燃料箱工程的首席工程师尼尔·奥特说，NASA 经多次试验确定：火箭的泡沫材料安装过程有缺陷。发射中，火箭外部燃料箱表面的一块泡沫材料脱落，击中航天飞机热保护系统，是导致事故发生的主要原因。

奥特说，泡沫材料本身的化学成分没有问题，问题在于用喷枪在燃料箱外敷设泡沫材料的过程。试验表明，目前的敷设工艺会在各块泡沫材料之间留下缝隙，液态氢能够渗入其间。航天飞机起飞后，氢气受热膨胀，最终导致大块泡沫材料脱落。撞击"哥伦比亚号"的泡沫材料有手提箱大小，重约0.75千克。它几乎是被整块"撕下"后，高速撞击到航天飞机左翼前缘的热保护系统，并形成裂隙。航天飞机重返大气层时，超高温气体得以从裂隙处进入"哥伦比亚号"机体，导致航天飞机解体。

参加这次航天任务的航天员一共有7人。他们分别是：

机长里克·哈兹班德，男，45岁，昔日空军中校，得克萨斯人，1994年成为航天员。

威廉姆·麦库，男，41岁，昔日海军司令员，3个孩子的父亲，1996年成为航天员。

麦克尔·安德森，男，43岁，出生于军事家庭，1994年成为少数黑人航天员之一。

卡尔帕纳·楚拉，女，41岁，20世纪80年代从印度移居美国，1994年成为航天员。

大卫·布朗，男，46岁，1996年成为航天员。

劳瑞尔·克拉克，女，41岁，昔日海军军医，1996年成为航天员。

伊兰·拉蒙，男，48岁，以色列空军中校，1997年成为以色列首位航天员。

链接：太空探索危险时刻

1960年10月24日，苏联拜科努尔航天中心火箭发射爆炸事故造成100多人死亡。

1961年3月23日，苏联的航天员邦达连科在充满纯氧的舱室里进行紧张的训练。休息时，他用酒精擦完身上固定过传感器的部位后，随手将它扔到了一块电极板上，结果舱内燃起大火，他被严重烧伤，10个小时后死亡，成为人类载人航天活动中第一个遇难的航天员。

1967年1月27日，美国肯尼迪航天中心在进行载人飞船地面联合模拟飞行试验时，飞船指令舱意外起火，在几十秒内3名航天员被烧死在舱内。这3名航天员分别是：弗吉尔·卜格里索姆上校、爱德华·H·怀特中校和罗杰·B·查非少校。

1967年4月23日，苏联航天员弗拉基米尔·M·科马罗夫上校乘坐"联盟1号"飞船进入太空后，飞船屡次出现故障，几经努力难以修复，在返回地面时飞船降落伞又出意外，无法打开，致使飞船以每秒100多米的速度冲向地面，科马罗夫当场被摔死。

1970年3月17日，美国发射载有阿姆斯特朗和斯科特的"双子星座8号"，飞行过程中因人为扳错开关造成控制系统故障。飞船以每秒一次的频率猛烈滚动旋转。

1971年6月30日，苏联"联盟11号"飞船顺利完成进入"礼炮1号"空间站的各项任务后，在再进入大气层前，实施返回舱和轨道舱分离时，连接两舱的分离插头分离后，返回舱的压力阀门被震开，密封性能被破坏，返回舱内的空气泄漏，舱内迅速减压，致使3名航天员因急性减压缺氧、体液沸腾而死亡。

图4.16

1983 年 9 月 26 日，苏联发射"联盟号"载人飞船时，运载火箭在发射倒计时阶段突然起火。逃逸救生系统立即启动，2 名航天员死里逃生。此时，火箭一声巨响，在发射台上爆炸。

1997 年 6 月 25 日，原定与俄罗斯"和平号"空间站对接的"进步号"无人驾驶飞船突然撞向空间站，导致"光谱号"增压舱壳体破裂。

1997 年 2 月 23 日，"和平号"空间站内氧发生器破裂引起明火，燃烧了 90 秒钟。

　　玩过经典游戏"星际争霸"的朋友对以上描绘的场景一定不会陌生，事实上，随着人类对太空地探索不断继续，它很有可能成为人类未来太空生活的一个预言，那就是，人类离开地球的怀抱，在别的星球上，繁衍、生息……

第五章
未来的探索

  一名"农夫"走出了基地，开始在基地的周围采掘资源，紧接着又从基地走出一名"农夫"，开始建造"油田"，更多的"农夫"源源不断地从基地里走出来，他们开始建造楼房，生产"飞船"，并建设更多的基地……

未来的探索活动

重返月球

"重返月球"计划

美国已经开始实施 1040 亿美元的登月计划，让 4 名航天员在 2018 年重返月球。这是美国相隔近半个世纪后的再次登月之旅。此次登月计划将引入新一代载人航天器，并为未来的火星登陆计划积累经验。

NASA 透露第一批航天员将于 2018 年之前登月，最晚会在 2020 年。此外，美国还计划今后使用相同的航天器运送航天员登上火星。新的登月计划会

图 5.1　NASA 局长格里芬将酝酿已久的美国"重返月球"计划公之于世

有选择地吸取"阿波罗"计划中可取的部分，并对其技术进行改进。

2020 年左右的登月很可能选择在月球近地面的阿里斯塔克斯台地。在月球上，阿里斯塔克斯台地是漂流在暴风海岩浆流中的一片高台地，宽约 200 千米，这片台地具有月球上的典型地貌，包括台地、陨石坑，一条夏洛特利峡谷在台地上横贯 160 千米，非常具有研究价值。

这片台地上含有月球上的一些主要矿物质，并且数量充足，足以令前往探访的航天员能够"不虚此行"。

在登月地点选定之后，NASA 将向月球发射一颗小型卫星，用于探测月球的表面状况，绘制月球的"地图"，并且提供一些登月地点的其他信息，以便有关科

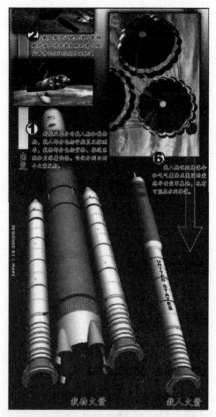

图 5.2　美国"重返月球"计划

图 5.3　航天员、工程师和科学家穿着未来航天服原型，驱动月球漫游者原型，并对科学研究工作进行了模拟。这是 NASA 验证与在月球表面生活和工作有关想法的一部分

学家对登月可能遇到的危险进行估计。同时这颗卫星还将提供月球表面矿物质的一些信息。

与此同时，"哈勃"望远镜也将发挥"千里眼"的功用，试验用紫外线探测得到的数据能否协助科学家锁定月球上矿藏的具体位置和数量，并对月球的矿藏有更清晰的认识。作为登月前的准备，美国还将发射一个月球探测器。

测试新一代航天服

自 1972 年"阿波罗"登月计划完成最后一次登月任务以来，人类再也没有光顾过月球。NASA 正在全力推进重返月球的"星座"计划。为此，NASA 正在亚利桑那州的沙漠里测试一种更轻巧灵活的新一代航天服。

"阿波罗"时期的第一代航天服非常笨重，航天员们穿着僵硬的航天服很不舒服，在太空中的行动也极其受限。而为重返月球准备的新一代航天服在臀部、膝盖和肘部有供航天员们更自如活动的连接设计。这种既易于维护又可快速穿戴的轻便航天服尽可能地让航天员穿着舒适，具有一定的适应性和可靠性。

测试中，航天员们穿着新航天服模拟进行他们在新的登月计划中要完成的任务，比如收集土壤样品、在月球表面打钻或者建立人造卫星碟。而这些行动在"阿波罗"时期是

图 5.4　美国为重返月球测试登月装备

难以想象的，如果当时的航天员尝试这类活动，他们的航天服将会撕破，而他们自己也将会翻倒在地。

图 5.5　2008 年 6 月，航天员在拍摄摩西湖的照片，NASA 将他们的最新想法带到摩西湖完成一系列实地测试，该测试建立在 NASA 2020 年重返月球有关的任务之上。

同时接受检测的还有一个小工具——"空气清洗器（air shower）"。它将被用来在航天员们返回太空船前吹掉航天服上的月球尘土。

月球基地

NASA 曾经公布了"全球探索战略"和"月球基地计划"的初步构想，其中包括 2014 年实施"月球探索战略"，2024 年建立能保障航天员连续居住 180 天的月球基地，2027 年航天员乘坐带有氧气舱的飞行器离开基地前往月球表面更远的地方探险。

月球永久基地的真正建设将分为四个阶段进行。

第一阶段：前期准备。NASA 和国际航天界将做一系列的准备工作，包括发射月球勘测卫星，将月球表面情况详细地拍下来，选定着陆地点。

第二阶段：登月飞船

图 5.6　月球基地（假想图）

图 5.7　密封的月球车极大地提高了人类月球探险的能力

图 5.8　此图描绘了月球着陆器、月球车和位于月球表面的航天员

的首航。重返月球的登月飞船将首度试飞，送登月飞船上太空的将是美国的"战神 1 号"火箭。

第三阶段：首次有人驾驶试飞。NASA 的新一代载人航天器"猎户座号"

图 5.9　大规模使用太阳能的月球基地

将升空，但不在月球上着陆，时间预定在 2014 年。

第四阶段：重返月球。由 4 名航天员组成的小组重返月球，开始着手永久基地的建设，时间定在 2020 年。

探索火星

探索火星甲烷来源

NASA 的科学家正在研究一种以火箭为动力的火星飞机，这种飞机将能够探索火星甲烷的神秘来源。

欧洲航天局（European Space Agency，简称 ESA）"火星快车"号飞船和地面望远镜的观测数据显示，火星大气中存在甲烷，然而这些甲烷一旦暴露在阳光之下就会迅速分解，因此其来源是个谜。科学家认为这些甲烷是新产生的，可能来自于熔岩，也可能来自微生物。

图 5.10 "火星快车"号飞船

NASA 朗利研究中心目前正致力于火星飞机任务的研究。这一项目被称作"火星地区范围环境的航空探测（ARES）"。这种火星飞机能够吸取火星大气并进行直接分析，从而确定火星甲烷的来源。

"火星快车"尽管能够探测到甲烷的存在，但是无法对甲烷来源进行精确定位。而此前 NASA 发射的火星车则由于活动范围有限，因此发现甲烷源的概率很小。火星飞机则集成了前两者的优点：它能够精确测出甲烷浓度较高的位置，并且活动范围能达几百千米。火星飞机将在一个隔热罩的保护下进入火星大气，利用降落伞逐渐接近地面。当到达距火星表面 1.5 千米左右时被释放，利用火箭作为动力进行飞行。

火星飞机不同于飞船或火星车，是一个很好的折中方法。不过，这种飞机的使用寿命极短，也许只能维持几个小时。考虑到这一点，利用气球也是另一个可行方案。

中国计划于 2009 年发射火星探测器。这个项目由中国和俄罗斯共同合作，利用俄罗斯的火箭进行发射。

此项目包含两颗卫星，俄罗斯研制一颗，中国研制一颗。俄罗斯的卫星落到火星的卫星上面，中国这颗卫星像探月一样，要绕着火星进行成像，目前准备在 2009 年进行发射。

火星探测计划的启动，将使中国在深空探测领域又向前迈进一大步。这就意味着中国控制和接收数据的能力，要达到几千万甚至上亿的千米，已经是月球距离的几百倍以上了。

火星基地新设想

你愿意参加火星之旅行动吗？如果它是一次单程旅行，你还会去吗？你一个人去呢？是的，那就不太一样了。

图 5.11　NASA 的火星基地（假想图）

这一计划叫做"孤鹰的勇气"，该计划将消除所有火星任务中最艰巨的问题：从火星出发返回地球的需要。由于只有一个人，宇宙飞船可能更小，消费品和补给品的需要会

图 5.12　在火星上采集岩石样本（假想图）

图 5.13　火星表面钻探及样本收集（假想图）

减少，使得这项任务成本更低，没有那么复杂。

虽然有些人可能会把这看作一项无异于自杀的任务，但科学家觉得这个计划完全合乎逻辑。

移民火星

虽然人类至今还没有亲自到过火星，只派出过探测器登上了这颗红色星球，但是，人类的幻想却是无止境的。现在 NASA 的火星登陆计划已经开始逐步实施，美国人将在 2030 年登陆火星；而俄罗斯更是提出，要在 2015 年将航天员送上火星。这些大胆的航天计划，将是人类移民火星的第一步。

图 5.14　神秘的火星

随着人类对火星的了解越来越多，人类已经开始进行移民火星的科学探索。在这些火星"发烧友"中，最热心的要算美国著名的"火星协会"了。总部位于美国科罗拉多州的"火星协会"是一个非营利性科研组织，有5000名付费会员，他们来自全世界29个国家，既有来自美国洛克希德马丁公司、NASA的顶尖科学家，也有来自世界各地的火星探险"发烧友"，他们的目标只有一个——那就是争取实现人类移居火星。

图 5.15　火星上的"灰尘魔鬼"

图 5.16　探测器拍摄的火星表面的岩石

"火星协会"目前已经制订出一套详细的改造火星计划，而且正在如"愚公移山"般地逐步实施这个惊世骇俗的移民计划，也许1000年后，当温室效应最终摧毁我们的家园的时候，这一移民计划会成为人类的"诺亚方舟"。

对于火星来说，最重要的是要让火星上生成人类赖以生存的氧气。这一目标，很多科学家认为需要2万~10万年的时间，因而是遥不可及的。但"火星协会"认为，这个过程只要大约1000年时间就可以完成。

火星是除金星之外离地球最近的行星，由于运行轨道的变化，它与地球的距离在 5570 万～12000 万千米。夜间天空中的火星荧荧如火，亮度常变，令人迷惑，所以中国古代称火星为"荧惑"。而在古罗马神话中，它被想象为身披盔甲、浑身是血的战神"马尔斯(Mars)"，这也是火星英文名字的由来。

这颗让古代人类充满幻想的星球，如今又成为人类的希望所在，因为火星是目前科学家勘探到的环境最接近地球的星球。如果要寻找另外一个适合人类居住的星球，火星肯定是第一候选。

火星环境地球化

要想移居火星，先要了解一个概念——火星环境地球化，即改变火星的环境，如大气层里的气体，使之接近地球的自然环境。

这一宏大的改造计划共分五步。

第一步：达到"环境地球化"的临界点。完成自给自足的定居点从而移民火星的具体计划的第一步，是先让火星达到"环境地球化"的临界点——使这个寒冷的星球变暖。现在火星赤道附近的温度有时可以达到 0℃以上，但是要使火星的冰冻物质完全融化，至少需要使火星的外层大气达到 40℃左右。与地球正在努力遏制温室效应不同，人类将要在火星上制造一场"巨大的温室效应"。为此科学家提出了三个让火星变暖的方案。

第一方案：太空镜

给火星加热的第一个方案是一面大镜子，这面镜子的直径将超过 120 千米，在火星表面 21 千米以上的轨道运行。这面镜子将把太阳光反射到火星指定区域，以释放出冷冻地表下面的大气和水。

不过，这面太空镜子太大了，人类目前的科学水平还造不出这样的太空镜。

第二方案：小行星撞击

太空中很多小行星都是由冷冻的氨气构成的，而氨气则是重要的温室气体。科学家计划让一颗直径 2.5 千米左右的小行星去撞击火星，撞击产生的巨大能量将使火星上的 1 万亿吨冰融化成水，而小行星撞击后释放的氨气也可以让火星大幅升温。估计 40 次这样的撞击就可以使火星达到适合人类居住的水平。不过，实现这一方案的科学难度也很大。

第三方案：制造温室气体

第三种方案是在火星上人工制造温室气体，这是被认为最为可行的方案。许多科学家认为四氟化碳是最有效的温室气体，他们计划在火星上建几处化工厂，不停地制造四氟化碳。根据计算，如果每小时排放 1000 吨这种气体，30 年内火星的平均温度将升高 27.8℃。这项过程预计耗能 5000 兆瓦，5 个核电站就可以满足这些能

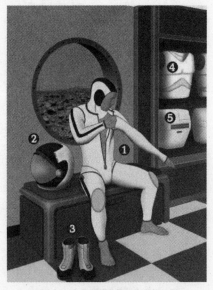

图 5.17　未来穿着方便的火星航天服

量需求。

第二步：释放火星土壤中的大气。现在的火星上只有稀薄的大气，但在 30 亿年前，火星的表面包围着厚厚的二氧化碳大气层。由于火星变冷，大部分二氧化碳都被土壤吸收冷冻起来。当人类完成改造火星第一步后，温暖的气候将使这些二氧化碳释放出来。土壤中释放出来的二氧化碳可以在 20 年内让火星温度再升高 5.6℃，这时候一些冰开始融化成水，水也开始蒸发，并形成雨、雪等天气现象。根据计算，到 2200 年，火星表面将拥有 0.1 个大气压的二氧化碳。

第三步：种植植物。随着土壤中二氧化碳的不断释放，到 2250 年，火星上的大气含量将达到 0.21 个大气压，相当于地球的五分之一，其中大部分是二氧化碳。此时的火星居民不用穿太空服就可以走出户外，当然他们还需要氧气袋；普通飞机可以在火星上起降；人们还将建设一个带有穹顶的封闭型城市。一旦火星赤道附近的温度长年保持在 0℃ 以上，火星上就可以有稳定的液态水供应，到 2250 年，火星上已经可以生长植物，不过科学家认为最先考虑培育的，应该是能够促进光合作用的菌类和苔藓。

第四步：收获氧气。植物的生长，意味着氧气的产生，光合作用使二氧化碳逐渐变成氧气。为了加快制造氧气的速度，火星居民将大规模种植各种植物，并小心处理各种垃圾，因为垃圾腐败会制造大量二氧化碳。此外，基因工程将帮上大忙，届时科学家将培育出能释放更多氧气的"超级植物"。

第五步：再等 1000 年。前面的规划看起来似乎很顺利，50 年就可以制造大气，再过 50 年可以在火星上散步，但接下来的是一个漫长的过程，因为要使火星植物释放出足够人类自由呼吸的氧气，大概需要 1000 年。在这 1000 年里，火星居民要不停地种植、收获，努力"生产"更多的氧气。

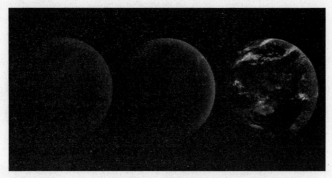

图 5.18　火星变地球

未来的航天设备

未来的探测工具

空天飞机

空天飞机是既能航空又能航天的新型飞行器。它像普通飞机一样起飞，以高超音速在大气层内飞行，在 30～100 千米高空的飞行速度为 12～25 倍音速，并直接加速进入地球轨道，进行航天飞行，返回大气层后，又像飞机一样在机场着陆。空天飞机能够达到完全重复使用和大幅度降低航天运输费用的目的。主要具有以下两方面的价值：

1. 商业价值

空天飞机的运输费用至少可降到目前航天飞机的 1/10，甚至可降到 1%。

此外，用空天飞机发射、维修和回收卫星，不需要规模庞大、设备复杂的航天发射场和长达一两个月的发射前准备，也不受发射窗口的限制。它完成一次飞行任务后，经一周的维护就能再次起飞，能适应频繁发射的需要，它的投入使用，将使人类可以方便地进入空间，"登天"就不再成为难事了。

空天飞机作为一种高超音速运输机，具有推进效率高、燃料消耗低、载客（货）量大、飞行时间短等优点，是实现全球范围空运的一种经济而有效的工具。

2. 军事价值

空天飞机将既能在大气层内作高超声速飞行，又能进入轨道运行，从军事角度看，它把洲际导弹的反应速度、轰炸机的灵活性和召回性有机地结合起来，因而被认为是未来

图 5.19　空天飞机（一）

战争的"全能超级明星"。实用型空天飞机的军事应用主要有以下几个方面：

①可以作为快速运输机。空天飞机从普通机场起飞，可在一小时之内快速到达全球任何地方，能对全球范围发生的地区冲突迅速作出反应。

②可以作为空间武器发射平台。在未来的信息战中，空天飞机可作为各种武器弹药（包括动能武器和高能激光武器、微波武器、粒子束武器）的发射平台。

③可以作为战时空间预备指挥所。空天飞机能像空间站那样在轨长期停留，又配备了先进的指挥控制系统，一旦战时需要，可以直接承担作战指挥控制任务。

④可以执行侦察监视与预警任务。空天飞机可利用其携带的各种侦察设备，对陆、海、空、天目标进行侦察与监视，对导弹发射等进行预警。

⑤可以用来发射、维修和回收卫星。空天飞机可用于廉价、快

速地发射各种军用卫星，并可维修或回收在轨卫星。

⑥可以执行反卫星任务。空天飞机能利用自身的探测设备发现敌方卫星，对其进行跟踪和干扰，使其失灵或将其摧毁。

图 5.20　空天飞机（二）

图 5.21　中国空天飞机想象图

链接：美国的空天飞机计划

为了加强美军空间与全球打击能力，美国正加快实施"猎鹰"计划。"猎鹰"计划是指研制一种从美国本土起飞可对全球进行快速打击的武器系统。

根据"猎鹰"计划，美军研究的近期方案包括通用航空航天飞行器和小型发射飞行器，远期方案则为极超音速巡航飞行器。到2025 年，美军将按照计划研制出一架真正意义上的空天飞机，也就是极超音速巡航飞行器。其飞行马赫数可达 15，能够携带多种武器，可进行有人和无人驾驶操作。

未来美军使用的空天飞机将从常规跑道起飞，经过两小时飞行后，可对 1.67 万千米外的目标实施打击，这就保证美军拥有从本土起飞、抵达世界任何角落实施轰炸任务的能力。

"猎鹰"计划中的通用航空航天飞行器是一种极超音速滑翔弹药投送系统，可携带 500 千克弹药飞行 5500 千米。而小型发射飞行器则必须具备发射通用航空航天飞行器能力，能够携载 200～2200 磅（1 磅 =0.454 千克）的有效载荷，并能够快速将小型卫星发射升空。

"猎鹰"作为美国新一代超级武器，一旦研制成功就会使美国盟国的地位变得无足轻重，因为这种超级武器将使美国从本土打击世界任何一个目标。目前美军正在研发的小型发射飞行器能让美国空军更便宜更灵活地发射军事卫星，一旦发生危机，美军能在几周、几天甚至几个小时之内发射军事卫星。

链接：俄罗斯的空天飞机计划

苏联和现在的俄罗斯是航天大国，在世界航天领域占有举足轻重的地位，在航天史上曾写下过辉煌的篇章。曾几何时，昙花一现的"暴风雪"号航天飞机不得不静静地躺在公园中成为人们观赏的工具。但是，俄罗斯研制"多用途航空航天系统 (MAKS)"的思想并没有放弃，"螺旋"计划和"暴风雪号"航天飞机升空并没有白费，它使设计者积累了丰富的经验，也为研制 MAKS 系统奠定了坚实的基础。现在，俄罗斯又提出了更加超前的新型空天飞机的研制构想。

在所有的空天飞机计划中只有俄罗斯的 MAKS 计划最为现实，而新提出的空天飞机构想也有极大的实现可能。

MAKS 系统由亚音速的载机和驮载在它上面的、带有外部燃料箱的轨道级组成。根据原来的设想，作为 MAKS 第一级载机的将是安 -225"梦幻"飞机。轨道级由安 -225"梦幻"飞机发射后，将借助自身的发动机进入轨道，完成任务后独自返回地球。

轨道级（即第二级）为空天飞机及助推火箭发动机。为在空中发射 MAKS 需要使用火箭，以将其发射到太空轨道上。俄同时还在研制更重型的 MAKS 型系统，其运载能力可达 18 吨。该系统第二级有三种变体，即 MAKS-OS、MAKS-T 和 MAKS-M，即载人型、一次性使用型和无人货运型。

在未来，MAKS 系统具有广泛的发展前景。如果 MAKS 系统得以建立，俄罗斯的卫星发射工具将完全有能力与美国未来的空天飞机相竞争，极有希望占领世界航天发射市场 60% 的份额。

MAKS 的性能参数为：发射重量 620 吨，第二级重 275 吨，有效载荷重量 9 吨。轨道飞机部分的主要参数为：乘员数量 2 人（或为无人驾驶），飞机长 19.3 米，机高 8.6 米，翼展 13.3 米，重量 27 吨。该项目需要财政拨款数量为 18 亿美元。

未来理想的太空旅行工具——核动力飞船

核动力飞船就是利用核裂变产生的能量作为推动力的宇宙飞船。

目前最方便也最清洁的能源之一就是核能，核动力飞船是目前我们设想中的最理想的太空旅行工具之一。相对而言，我们现在的常规动力火箭动力有限，而且每次发射还需要等待发射窗口，以借助引力使它们发射得更远。核动力引擎将具有更大的动力，也不再需要借助地球特定的发射时机。

目前可能的动力引擎可以分为裂变引擎和聚变引擎两大类。裂变引擎是利用核裂变产生的能量作为推动力，以

图 5.22　未来的核动力飞船（假想图）

目前的技术力量已不再遥远，事实上，在未来10年就有希望出现。核污染是裂变引擎存在的主要问题，出于对地球环境的保护，这类飞船将只能在被常规火箭送入太空以后才能启动核引擎。

而聚变动力引擎能产生更加强大的推动力，同时产生很少的污染。但是，目前在地球上尚无人能够进行可控的核聚

图 5.23 NASA 计划发射巨型核动力飞船探测木星 3 卫星

变反应实验。另外，聚变的原料氦 3 在地球上极为稀少，但月球上储藏量丰富。现在世界上很多科学家都在研究聚变，希望核聚变的问题能早日解决。

链接：NASA 计划研制核动力宇宙飞船

美国开始研制新一代的核动力宇宙飞船。此举不但可使未来的星际探测节省数十亿美元，而且还可缩小运载火箭的尺寸与重量。

如果为"大力神 -V"型运载火箭换装核动力发动机，那么飞行成本将有望降低 30 %～35 %。现在要想将"大力神 -V"型运载火箭发射上轨道，需要耗费大量基于氢气的化学燃料。在进入轨道后，货运飞船将与"猎户座"载人飞船进行对接——后者将由同样使用传统化学燃料的"大力神 -I"火箭送入轨道。

"大力神 -V"型运载火箭在换装核动力发动机后，一次发射将可把 29 吨物资送上月球表面——使用传统发动机只能运送 21 吨。

这就意味着，建造月球基地所需的250吨物资将可通过9次发射运送完毕，而非先前的12次。

除此之外，核动力发动机还能够用于执行更远距离的太空飞行，例如对火星等太阳系中的其他行星进行探测。虽然科学家们有可能对其想法给予支持，但民众却未必会同意——毕竟核动力发动机会产生大量具有放射性的废料。不过，这些核废料在太空中的影响却无关紧要——太空中本身的辐射就比地球上强很多，而且在开放的太空中也不会有人受到它们的危害。

为了预防核动力火箭在发射时发生爆炸可能造成的核污染问题，科学家们正计划为核发动机包裹上一层由钨制成的外壳——钨不但非常坚固，而且耐高温，完全可以抵御爆炸的冲击。

太阳帆飞船

太阳帆是依靠太阳能作动力，不携带燃料并一直加速的宇宙飞船，是目前唯一可能搭载人类到达太阳系外星系的航天器。太阳帆飞船可能是人类朝着开发新型航天发动机方向迈出的重要一步，今后利用光能人类有可能把航天飞行延伸到太阳系以外，而且可以携带更多的科学仪器和货物。

太阳帆并不需要任何燃料，它依靠太阳能作动力，来自太阳的光线提供了无穷尽的能源。太阳帆可以以每小时24万千米的速度前进，这个速度要比当今最快的飞船还要快4～6倍。太阳光由质子组成——一部分无法聚集的可见光或者一个拥有能量的电荷。质子通过对帆施加压力而给予太空船动力，这就和风吹动帆船是一样的原理。

当太阳光照射在某样东西上时，会产生轻微的压力，但是，在地球上，我们却无法感觉到。因为，空气的流动抵消了光在地球上的压力。而在太空中，你远离大气，也不存在影响压力的介质，这样，阳光产生的压力就逐渐递增。

图 5.24　水下发射太阳帆飞船

为了能获得足够多的太阳光作为动力，太阳帆必须足够大。目前科学家们为太阳帆的材料伤透脑筋。他们测试了大量不同的材料，每一种材料都被放在一个模拟太空环境下以观测它们抵抗高低温度的能力。而科学家们所遇到的另一挑战就是如何将帆船发射入太空，并在太空中将太阳帆展开。

图 5.25　太阳帆

太阳帆的首次飞行将不会载人。最初的几次它将主要用于机器人任务，然后才会考虑载人远太空航行。

图 5.26　太阳帆飞船"宇宙 1 号"在太空中的假想图

未来的航天服

未来航天服技术发展的新趋势

随着人类探索太空的脚步不断向更远处迈进，航天服的技术也在不断取得进展。在经历了舱内航天服、舱外航天服的阶段后，火星航天服、航天服与自持式生命保障系统一体化的舱外活动生命保障系统，正在成为航天服技术发展的新趋势。

未来最先进的航天服将是火星航天员穿着的航天服。目前美国的航天服设计师们正在对火星航天服进行研究和设计。火星航天服跟现在的航天服不同，现在的航天服是在真空和微重力条件下穿用，火星航天服则是在火星表面穿用。火星表面环境非常恶劣，不仅空气稀薄，而且温度极低，两极地区夜间可低至−128℃。另外，火星表面经常发生尘暴，尘暴中的微尘会污染航天服，如果不小心被航天员吸入，还能导致肺部损伤，严重的甚至发生癌变。

火星航天服是航天服设计思想的一次革命。设计火星航天服需要新的思想、新的技术和新的材料，否则难以迎接人

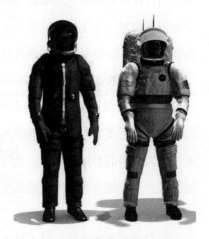

图 5.27　这是画家笔下带有未来色彩的航天服，左侧的用于发射和降落，右侧的用于太空行走

类火星探测所面临的挑战。

与此同时，为了提高航天员舱外活动的机动性，美国、俄罗斯和欧洲的一些国家都在研制舱外活动生命保障系统，用于支持建造和装配大型空间结构，它能够搭载航天员离开航天器在空间一定距离内自由飞行。欧洲一些国家和俄罗斯联合研制的 21 世纪舱外活动生命保障系统，采用航天服与自持式生命保障系统组合一体化的结构形式，这种一体化的结构形式将是今后航天服技术的发展趋势。

"瘦身"计划

一提到航天员，人们脑海中的形象是一个身穿臃肿航天服的人。而现在科学家正在试图改变这样的形象。在不久的将来，人们在电视上看到的航天员将身穿一种类似紧身衣的轻薄高科技防护服，而且这种航天服还能根据周围环境的不同而改变颜色。美国科学家正在研发一个生物服装系统（Bio-SuitSystem）。它是一套由流动性得到改善的弹性聚合体作为材料的合身航天服。这种类似"第二层皮肤"的衣服表面，将喷有一层可被有机生物分解的涂层，该涂层能够在布满灰尘的行星环境中保护航天员。而且，在这种所谓的"第二层皮肤"中，还能嵌入由电力驱动的人工肌肉纤维，以此增强人肌肉的力量和耐力。此外，这一生物服装系统中还能内置通信设备、生物传感器、电脑甚至用于太空行走等舱外活动的攀登工具。

我们去月球和火星，并不是为了待在舱内。进行舱外活动才是人类的主要目的。我们需要给航天服瘦身，让它变得就像是人身上的第二层皮肤一样，从而让航天员行动自如。

今天臃肿的航天服对航天员的活动限制很大，此外，重量和质量也是限制因素。虽然在重力较小的环境中，那些限制不是大的障碍。但是对于一套先进的、用于月球和火星的探索航天服来说，灵活性和重量小是极为重要的。

把研究成果转化成能够实际运用的航天服，关键在于一些技术的进展程度。

新式的航天服将会直接在太空制作。机械臂先对人体进行三维激光扫描，根据得到的图像，机械臂在一件绝热内衣的表面喷上一种由凯夫拉、斯潘德克斯弹性纤维和尼龙组成的液态混合物，这种混合物在成型、凝固的过程中会收缩变紧，拥有极佳的保暖性能。此外这种材料在使用后还可以被回收。在太空直接制作的轻型航天服就不用像传统穿航天服那样要进行长时间的吸氧排氮了。

修复火星服的纳米机器人

一个很小很小的机器人，比细胞还小，可以进入人体内的任何细胞，如果给予指令，它就能在你的身体里随意活动，吞噬病菌，杀死癌细胞，或者干脆把基因中的有害部分一刀"咔嚓"掉……这就是纳米机器人。当然这种情景目前只出现在科幻小说或科学家的构想中，人类还无法制造出纳米机器人，一方面是因为找不到足够小的动力装置；另一方面是尚不能对纳米机器人的复制等进行有效控制。尽管如此，日新月异的纳米科技仍使得人类未来制造各种各样的纳米机器人成为可能。

为完成火星表面勘查，航天员必须在火星表面从事一些艰苦的活动，诸如挖土取样、攀缘岩石和长途步行等。由于艰苦的作业、复杂的地形和长时间使用等原因，以前的空间活动中从未发生的航天服磨损和撕裂问题将可能变得尤为突出。因为火星大气有毒，航天员到达火星后，只能在注入新鲜空气的封闭空间内生活。外出"探险"则需穿上密封制服。因此，航天员在火星上的安全完全依靠火星服，火星服损伤的自修复技术值得高度关注。

在火星上，赤道平均温度是−50℃，两极平均温度是−130℃，这种温度的大幅度变化及恶劣的火星环境会导致很多意外发生，如影响液体的黏性，降低材料的弹性，甚至可能造成火星服的撕裂。由于纳米碳管具有杨氏模量大、强度高、不发生永久变形等特点，已成为制作未来火星服材料的首选。尽管如此，这种纳米碳管材料制作的火星服在火星环境下依然可能发生以下多种形式的损伤：

①撕裂损伤。它是指火星服由于摩擦或裂痕造成的材料层与层之间的分离。一条裂缝产生的原因有很多，可能是由一些锋利的器具造成的，也可能是与尖锐岩石的摩擦造成的。

②刺穿损伤。它是指火星服上被刺出孔洞，这些孔洞的存在常常会诱发更大的损伤。刺穿损伤产生的原因有可能来自某个机械装置偶然"发射"的小零件，也有可能来自航天员随身携带的凿子等地质勘测工具。

③磨损问题。和牛仔裤一样，一条新的裤子往往比较坚韧，但慢慢地膝盖或臀部的面料会变得越来越薄。磨损是一个渐进的过程，它不像前面提到的两种损伤方式会突然造成航天服的破损，但它最终仍会导致破坏的发生。

在地球上，上述几种损伤对人体不会有太大影响，但在火星上，前两种损伤将是致命的，可导致火星服漏气，直接影响到航天员的生命安全。因此，火星服的修复方案必须能够使航天员留在作业区继续工作，或者使航天员有

图 5.28　纳米机器人正在用纳米切割机和真空吸尘器来清除血管中的沉积物（假想图）

足够的时间安全返回基地。

　　基于现代航天技术与纳米科技的发展趋势，有专家认为未来火星服损伤的自修复可通过一种装配纳米机器人和一种火星服修复机器人来共同完成，而这些纳米机器人的操纵、传感、控制方法、能量转换以及火星服集成等问题也可通过相应的纳米技术方案予以解决。

神奇的修复过程

　　当火星服出现损坏时，这些机器人应立即向发生损坏的孔洞部位聚拢，当机器人到达损伤区域时，它们需要能够识别损伤部位，对损伤进行检测并开始修复，这就像我们人体生物修复系统一样。在这种方法中，机器人对损坏部位的修复必须迅速有效。这种修复方法的实质就是利用快速移动机器人来填充孔洞，即机器人通过相互结合成连续状，填充裂口，直到损伤得以修复。

　　对于纳米机器人来说，我们可以把它想象成一种主动黏附的密封剂。当裂缝出现时，机器人就会一个接一个连接起来形成一条密

封保护层，就和生物学上的血小板的作用一样。当第一批纳米机器人迅速到达目的地后，通过化学或机械信号可使这些纳米机器人在火星服的损伤区域停下来。这种停留可通过某种特定的化学反应来完成，最终生成一种化学黏结剂，把纳米机器人和火星服永久性地胶结起来。

能否实现这一功能，主要取决于火星服所使用的材料。在任何情况下，机器人都应该能够感受到火星服编织结构表面与边缘在化学上的不同，这样它们就可以确定需要进行修复的具体位置。

现代科技正向着大型化和微型化两个方向发展。一方面，人类要迈出赖以生存的星球，开拓广阔的宇宙；另一方面，又要借助显微镜等工具，探索身边的微观世界。火星服修复纳米机器人正是现代科技大型化和微型化发展的集中体现。现今，航天事业日新月异，纳米科技快速发展，相信在不久的未来，用于主动修复火星服损伤的纳米机器人终将实现，人类将身着具有这种自修复功能的太空服踏上向往已久的火星世界。

太 空 港

轨道转运站

不久的将来，人类将在近地轨道、围绕月球和火星的轨道，以及在地——月系统中的自由点上陆续建成空间港，作为空间客运的转运站。其间将有巡天飞船常年巡回飞行，又有转运飞船像驳船一样在空间港与巡天飞船之间运接货物和人员。当近地空间港和火星空间港修建成之后，便形成一个完整的航天运输网络。人类如要长期地在月球、火星和空间港上工作、生活、定居，必须不依赖于地球而开发完

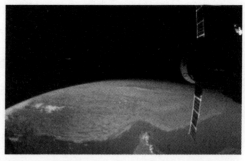

图 5.29　无人驾驶的"进步号"飞船与国际空间站进行对接

全能自给自足的生物圈，并建立初期前哨站和基地，形成开发太阳系的完整系统。

长期飞行的医学问题

目前人类的太空探索已转入到为开发月球、火星做准备的长期飞行阶段，因此，空间生命科学除继续深入研究失重对生命体的影响及机理外，重点将转移到长期飞行的医学问题，以保证航天员在长期飞行中的健康、安全和工效。由于航天员的安全和健康是长期航天活动中的核心问题，所以航天医学研究是星际航行中核心的核心。

在前一阶段的空间医学研究中，虽然证明失重环境不至于危害到航天员的生命，但大量的实验证明对人体还是有一定的影响，如飞行中出现的航天员心律紊乱、心血管功能下降、骨钙的持续性下降、肌肉萎缩、免疫功能降低等。在更长时间的飞行中这些变化是否会进一步地发展？生理系统是否可能出现不可逆的反应？这些现在还不清楚。如果这些变化进一步地发展，将会阻碍星际航行。何况，在今后的星际航行中，还会增加更多的、对航天员健康不利的

图 5.30 将用完的氮气罐换成新的

因素，如空间辐射、人工重力、长期飞行中的心理的变化、到月球和火星后的对重力的再适应、长期飞行中繁育后代等，这些因素的综合作用对人体到底会有哪些影响还是未知数。解决这些问题的最重要手段是进行空间人体实验。

未来空间生命科学的研究有三个方向：

1. 应用方面的研究——保证人在更长时间飞行 (1～3 年) 中的安全、健康和工效。

2. 基础理论的研究——揭开宇宙中生命起源、生命进化与生命分布之谜。

3. 空间的开发与应用——在空间进行大规模的空间制药和生物材料的加工。

未来的生命科学实验中，人体实验仍然占重要的位置。它的主要任务是：

1. 了解更长时间飞行中及返回后航天员在生理、心理和社会关系方面出现的问题。

2. 寻找有效的预防和治疗措施，保证航天员的健康、安全和工效，对人工重力的必要性和可行性作出科学的结论。

3. 了解宇宙辐射对人体的影响，制定有效、安全的防宇宙辐射的措施。

4.了解航天员在进入其他星球时的生理反应、工效，制定防护措施。

5.参与工程学和实施医学的研究，如参加与航天员生保系统有关的工程学方面的实验，鉴定与实施医学有关的设备和措施等。

链接：未来的生态生命保障系统

月球/火星基地主要依托受控生态生命保障系统（CELSS）。CELSS 可以实现空气再生、水的净化、废物处理和生产食物，此外还具备环控和有害物监控等功能。依托 CELSS，发射后的空间飞行器可以不再需要地面保障系统的支持，消耗性物质能实现完全再生，航天员可长期在站内工作和生活，这使得长期载人航天和行星探测在低成本的条件下成为可能。因此航天大国都在该项技术研究上投入大量人力、物力，希望为长期的航天活动，如永久性大型载人空间站、月球和火星基地、太阳系的载人深空探测等，提供技术保障。

链接：太空旅馆

世界上第一个太空旅馆有望在若干年后建成，届时太空迷们翱翔宇宙的梦想将成为现实。这座旅馆名为"银河套房酒店"，太空房客们在旅馆房间里便可领略宇宙美景：他们一天可观看 15 次日出，环游地球一周也只需 80 分钟。此外，他们还可以参与科学研究，体会科技带来的快乐。太空旅馆房价不菲，每位房客入住 3 天的费用是 400 万美元。

目前，"银河套房酒店"和 4 家公司确定了合作伙伴关系，并且各个伙伴分工明确:Equipxcl公司拥有诸多建筑师和设计师，专长于建筑创意概念；GBT 担任战略顾问，负责制定发展战略和商业企划；CTAE 属于非营利私企，在航天环节提供科技服务；而 4FC 则是一家新兴的太空商业公司，在航天设备设计和相关技术领域都有专家。

图 5.32　太空旅馆（二）

图 5.31　太空旅馆（一）　　　　　图 5.33　太空旅馆（三）

图 5.34　太空旅馆（四）

中国式行走

"神七"9月择机升天

中国"神舟七号"载人航天飞行任务将于2008年9月择机实施，担负飞行任务的航天员飞行乘组已经确定，将有3名航天员组成飞行乘组，3名航天员担任候补。

任务实施期间，将由飞行乘组中3名航天员进入飞船轨道舱，着舱外航天服完成舱外活动准备，其中一名航天员出舱进行太空行走，并完成有关空间科学实验操作。

解读"神七"

"神七"飞船与"神六"类似，共有三个舱：推进舱、返回舱和轨道舱，其中航天员的活动范围是返回舱和轨道舱两个，并没有因为航天员要执行舱外活动的任务而再多出一个舱。

"神七"航天员太空行走主要有两个工作：一是要适应太空行走如何"走"、如何出去、出去了如何定位、如何控制身体等，因为太空行走对中国来说还是头一次，所以需要验证太空行走是否"走"得顺利；第二个主要工作是在太空真空环境下做些实验，包括放飞一颗伴飞小卫星。

最关键的技术难点

气闸舱有两个闸门，一是与返回舱连接的内闸门，一是可通向太空的外闸门。因为这两个闸门开开合合，需要保证气体不能泄漏，因此两个闸门的密封性是最关键的技术，尤其在航天员从太空返回后，两个闸门一定要相继关严，不能漏气。

除此之外，舱外航天服的技术也比较关键，因为这是航天员在真空环境下的生命保障系统，出一点问题都会危及航天员的生命。

图 5.35

附录：世界出舱活动日志（1965—2008年）

序号	起始日期	持续时间/时:分	航天员	任务/航天器代号	备注
001	1965-03-18	0:12	列昂诺夫	"上升2号"	完成出舱活动第一人（苏联）；在返回气闸舱时遇到困难。
002	1965-06-04	0:21	怀特	"双子星座4号"	首次美国出舱活动；利用拉链枪机动，麦克迪维特处于太空真空环境，但未出舱（舱内活动）。
003	1966-06-03	2:10	塞尔南	"双子星座9A号"	试穿载人机动单元，由于航天服过热而失败；斯塔夫德完成舱内活动；出舱活动首次超过1小时。
004	1966-07-19	0:39	科林斯	"双子星座10号"	直立出舱；恒星背景拍照；由于供氧不纯而临时中止活动；扬做舱内活动。
005	1966-07-20	0:50	科林斯	"双子星座10号"	撤掉"阿金纳8号"实验装置；使用了手持机动单元；从打开的舱门丢掉了静止机构；扬做舱内活动。
—	—	—	—	"双子星座10号"	丢弃设备；科林斯打开舱门并抛弃无用的设备；扬所在的乘员舱是关闭的。
006	1966-09-13	0:33	戈登	"双子星座11号"	跨过"双子星座号"把100英寸（约30米）长的绳索系到"阿金纳"上；为"太空牛仔"配音；康拉德做舱内活动。
—	—	—	—	"双子星座11号"	丢弃设备；戈登打开舱门并抛弃无用的设备；康拉德所在的乘员舱是关闭的。

序号	起始日期	持续时间/时:分	航天员	任务/航天器代号	备注
007	1966-09-14	2:08	戈登	"双子星座11号"	直立出舱拍摄太空真空中的恒星背景；康拉德做舱内活动。
008	1966-11-12	2:29	奥尔德林	"双子星座12号"	直立出舱拍摄太空背景；为下一次出舱活动准备设备；洛弗尔做舱内活动；出舱活动录像。
009	1966-11-13	2:09	奥尔德林	"双子星座12号"	评估完成出舱活动时绳索及限制物的作用；洛弗尔做舱内活动。
010	1966-11-14	0:59	奥尔德林	"双子星座12号"	"双子星座号"的最后一次出舱活动；太空拍照；洛弗尔做舱内活动。
011	1969-01-16	0:37	赫鲁诺夫/叶利谢耶夫	"联盟5/4号"	4年来苏联首次进行出舱活动；首次在两个飞行器间进行出舱转移；与月球计划无关。
012	1969-03-06	1:07	施韦卡特/戴维·斯科特	"阿波罗9号"/登月舱/指令舱	在地球轨道首次做"阿波罗"月球舱外航天服试验；斯科特从指令舱舱门出来进行直立出舱活动；施韦卡特展示进出登月舱走廊，部分航天员转移到登月舱；麦克迪维特留在登月舱做舱内活动。
013	1969-07-20	2:32	阿姆斯特朗/奥尔德林	"阿波罗11号"/登月舱	首次月面行走；出舱活动摄像；进行实验和采样；迄今为止世界上最安静的录像资料。
—	1969-07-20	—	—	"阿波罗11号"/登月舱	丢弃设备；阿姆斯特朗和奥尔德林在登月舱做舱内活动。

220

序号	起始日期	持续时间 / 时：分	航天员	任务 / 航天器 代号	备注
014	1969-11-19	3:56	康拉德 / 比恩	"阿波罗 12 号" / 登月舱	第 2 次月面行走；设置第 1 个"阿波罗"月面实验装置；着陆点附近采集地质样本；出舱活动录像。
015	1969-11-20	3:49	康拉德 / 比恩	"阿波罗 12 号" / 登月舱	第 3 次月面行走；步行地质勘探；从无人勘测仪 Ⅲ 取回样本。
—	1969-11-20	—	—	"阿波罗 12 号" / 登月舱	丢弃设备；康拉德和比恩留在登月舱做舱内活动。
016	1971-02-05	4:48	谢泼德 / 米切尔	"阿波罗 14 号" / 登月舱	第 4 次月面行走；部署第 2 个"阿波罗"月面实验装置和完成短时地质勘探；出舱活动录像。
017	1971-02-06	4:35	谢泼德 / 米切尔	"阿波罗 14 号" / 登月舱	第 5 次月面行走；用模块化设备运输装置携带设备对火山口进行地质勘探（徒步）。
—	1971-02-06	—	—	"阿波罗 14 号" / 登月舱	丢弃设备；谢泼德和米切尔留在登月舱做舱内活动。
018	1971-07-30	0:27	戴维·斯科特	"阿波罗 15 号" / 登月舱	从登月舱顶部舱门直立出舱拍摄观察哈得利溪着陆点；欧文留在登月舱做舱内活动。
019	1971-07-31	6:33	戴维·斯科特 / 欧文	"阿波罗 15 号" / 登月舱	第 6 次月面行走；安装第 3 个"阿波罗"月面实验装置，乘坐第 1 辆月球车在月球表面活动，创造出舱活动新纪录。
020	1971-08-01	7:12	戴维·斯科特 / 欧文	"阿波罗 15 号" / 登月舱	第 7 次月面行走；乘月球车进行地质勘探，往返于哈得利溪和亚平宁山前，创出舱活动新纪录。

序号	起始日期	持续时间 / 时 : 分	航天员	任务 / 航天器 代号	备注
021	1971-08-02	4:50	戴维·斯科特 / 欧文	"阿波罗 15号" / 登月舱	第 8 次月面行走；乘月球车至哈得利溪。
—	1971-08-02	—	—	"阿波罗 15号" / 登月舱	丢弃设备；斯科特和欧文留在登月舱做舱内活动。
022	1971-08-05	0:39	沃登 / 欧文	"阿波罗 15号" / 指令舱	首次探空出舱活动；沃登回收科学仪器舱胶片盒；欧文装胶卷并在指令舱舱口站立着帮忙；斯科特露在真空环境但未出指令舱。
023	1972-04-21	7:11	扬 / 杜克	"阿波罗 16号" / 登月舱	第 9 次月面行走；部署了第 4个"阿波罗"月面实验装置；驾驶第 2 辆月球车至旗形坑。
024	1972-04-22	7:23	扬 / 杜克	"阿波罗 16号" / 登月舱	第 10 次月面行走；驾驶月球车到达石头山，创造新的出舱纪录。
025	1972-04-23	5:40	扬 / 杜克	"阿波罗 16号" / 登月舱	第 11 次月面行走；驾驶月球车到 HouseRock；"阿波罗"航天员访问过的最大的岩石块。
—	1972-04-23	—	—	"阿波罗 16号" / 登月舱	丢弃设备；扬和杜克留在登月舱做舱内活动。
026	1972-04-25	1:24	马丁利 / 杜克	"阿波罗 16号" / 指令舱	第 2 次探空出舱活动；马丁利从服务舱回收科学仪器舱胶片盒；杜克装胶卷并在指令舱舱口站立着帮忙；扬露在真空环境但未出指令舱。
027	1972-12-11	7:12	塞尔南 / 施米特	"阿波罗 17号" / 登月舱	第 12 次月面行走；部署了第 5个也是最后一具"阿波罗"月面实验装置；驾驶第 3 辆月球车作短途旅行。

序号	起始日期	持续时间 / 时 : 分	航天员	任务 / 航天器 代号	备注
028	1972-12-12	7:37	塞尔南 / 施米特	"阿波罗 17 号" / 登月舱	第 13 次月面行走；驾驶月球 车在月面穿行；发现"黄土 壤"；创造新的出舱活动纪录。
029	1972-12-13	7:15	塞尔南 / 施米特	"阿波罗 17 号" / 登月舱	第 14 次即最后一次月面行走； 驾驶月球车在月面穿行；举行 了"阿波罗"终结典礼。
—	1972-12-13	—		"阿波罗 17 号" / 登月舱	丢弃设备；塞尔南和施米特留 在登月舱做舱内活动。
—	1972-12-13	—		"阿波罗 17 号" / 登月舱	第 2 次丢弃设备；塞尔南和施 米特留在登月舱做舱内活动。
030	1972-12-17	1:06	埃文斯 / 施米特	"阿波罗 17 号" / 指令舱	第 3 次探空出舱活动；埃文斯 回收科学仪器舱胶片盒；施米 特装胶卷并在指令舱口站立 着帮忙；塞尔南露在真空环境 但未出指令舱。
031	1973-05-25	0:37	韦茨	"天空实验室 2 号" / 指令舱	从打开的指令舱舱口出来做直 立出舱；尝试部署太阳电池阵 支架；克尔温和康拉德在指令 舱内部做舱内活动并提供 帮助。
032	1973-06-07	3:25	康拉德 / 克尔温	"天空实验室 2 号" / 轨道 车间	成功部署太阳帆板；营救了 "天空实验室"；系索的康拉德 随电池阵的移动弹入太空。
033	1973-06-19	1:44	康拉德 / 韦茨	"天空实验室 2 号" / 轨道 车间	回收并置换了"阿波罗"望远 镜基座的胶片盒；检查了太阳 电池阵及以前部署的太阳伞 遮板。
034	1973-08-06	6:31	加里奥特 / 罗马斯	"天空实验室 3 号" / 轨道 车间	在太阳伞遮板上竖立了一对柱 子组合以改善"天空实验室" 轨道车间的环境温度。
035	1973-08-24	4:30	加里奥特 / 罗马斯	"天空实验室 3 号" / 轨道 车间	回收并置换了"阿波罗"望远 镜基座的胶片盒。

序号	起始日期	持续时间/时:分	航天员	任务/航天器代号	备注
036	1973-09-22	2:45	比恩/加里奥特	"天空实验室3号"/轨道车间	回收并置换了"阿波罗"望远镜基座的胶片盒。
037	1973-11-22	6:33	吉布森/波居里	"天空实验室4号"/轨道车间	回收并置换了"阿波罗"望远镜基座的胶片盒;常规修理任务。
038	1973-12-25	7:01	卡尔/波居里	"天空实验室4号"/轨道车间	回收并置换了"阿波罗"望远镜基座的胶片盒;第1次在圣诞节期间进行出舱活动;观察了科胡特克彗星。
039	1973-12-29	3:38	卡尔/吉布森	"天空实验室4号"/轨道车间	回收并置换了"阿波罗"望远镜基座的胶片盒;进一步观察科胡特克彗星。
040	1974-02-03	5:19	卡尔/吉布森	"天空实验室4号"/轨道车间	最后一次回收"阿波罗";望远镜基座的胶片盒;从"天空实验室"的外部回收实验装置;最后一次"天空实验室"出舱活动。
041	1977-12-20	1:28	罗曼年科	Eo1/"礼炮6号"	"联盟25号"对接失败后,直立出舱活动检查对接口;格雷克科进行舱内活动;是9年来苏联的第一次出舱活动;首次"礼炮号"空间站的出舱活动。
042	1978-07-29	2:05	伊万琴科/科瓦连奥克	Eo2/"礼炮6号"	从"礼炮6号"取下并置换样本;科瓦连奥克完成直立出舱。
043	1979-08-15	1:23	雷乌明/雷阿科夫	Eo3/"礼炮6号"	临时安排的出舱活动从后部对接口拆除KRT-10望远镜天线。
044	1982-07-30	2:33	列别杰夫/别雷佐沃伊	Eo1/"礼炮7号"	在"礼炮号"外部收集并置换样本。

序号	起始日期	持续时间/时:分	航天员	任务/航天器代号	备注
—	1982-11	—	勒努瓦/艾伦	STS-5/OV102	取消原定出舱活动,航天员留在气闸舱内。
045	1983-04-07	4:17	马斯格雷夫/彼得森	STS-6/OV099	首次航天飞机验证出舱活动;评估新出舱活动航天服及约束装置。
046	1983-11-01	2:50	阿里克安德罗夫/雷阿科夫	Eo2/"礼炮7号"	首次在系列出舱活动中给太阳池阵增加备用板;给中心阵安装了附加板。
047	1983-11-03	2:55	阿里克安德罗夫/雷阿科夫	Eo2/"礼炮7号"	给中心阵安装了第2块附加板。
048	1984-02-07	5:55	麦坎德利斯/斯图尔特	STS-41B/OV099	首次不系索出舱活动;麦坎德利斯第1次驾驶载人机动单元从轨道器飞出300英寸(约90米);斯图尔特也试飞了载人机动单元。
049	1984-02-09	6:17	麦坎德利斯/斯图尔特	STS-41B/OV099	继续试飞载人机动单元;并对计划由后续任务完成的卫星维修程序进行了评估。
050	1984-04-08	2:57	纳尔逊/范·霍芬	STS-41C/OV099	纳尔逊驾驶载人机动单元,尝试捕捉 Solar Max 卫星。
051	1984-04-11	6:16	纳尔逊/范·霍芬	STS-41C/OV099	在有效载荷舱里修理 Solar Max 卫星;并重新部署它;范·霍芬在有效载荷舱进行无系索载人机动单元飞行。
052	1984-04-23	4:15	基齐姆/V·索洛维耶夫	Eo3/"礼炮7号"	6次出舱活动中的第1次;把梯子和出舱活动工具运到工作区,并准备了工作场地。
053	1984-04-26	4:56	基齐姆/V·索洛维耶夫	Eo3/"礼炮7号"	通过切入空间站外层安装推进剂阀门。

序号	起始日期	持续时间 / 时:分	航天员	任务 / 航天器 代号	备注
054	1984-04-29	2:45	基齐姆 / V·索洛维 耶夫	Eo3/ "礼炮 7 号"	安装了新管道；更换了空间站 热防护层。
055	1984-05-03	2:45	基齐姆 / V·索洛维 耶夫	Eo3/ "礼炮 7 号"	安装了第 2 根管道；检查新安 装的管道；确认泄漏点。
056	1984-05-18	3:05	基齐姆 / V·索洛维 耶夫	Eo3/ "礼炮 7 号"	为主电池阵配置了第 2 套太阳 电池阵。
057	1984-07-25	3:35	萨维·茨 卡娅·贾 尼别科夫	T12/ "礼炮 7 号"	第 1 位女航天员完成出舱活 动；试验多用途焊枪。
058	1984-08-08	5:00	基齐姆 / V·索洛维 耶夫	Eo3/ "礼炮 7 号"	堵上漏油管；回收太阳电池阵 上的样本用于地面评估。
059	1984-10-11	3:27	莱斯特玛 /沙利文	STS-41G/ OV099	首位美国女航天员完成出舱活 动；在航天飞机有效载荷舱完 成卫星燃料加注演示。
060	1984-11-12	3:00	艾伦 /加 德纳	STS-51A/ OV103	用载人机动单元回收失控 Weostar 通信卫星。
062	1985-04-16	3:00	霍夫曼 / 格里格斯	STS-51D/ OV103	美国首次进行计划外（紧急状 况下）出舱活动；航天员在遥 控操作系统上安装试图能启动 Leasat 的 "蝇拍" 装置。
063	1985-08-02	5:00	萨温赫 / 贾尼别 科夫	Eo4/ "礼炮 7 号"	在主电池板上安装第 3 套也是 最后一套太阳能附加板；评估 新型奥兰出舱活动航天服。
064	1985-08-31	7:08	范·霍芬 /费希尔	STS-51 I / OV103	人工捕获在 STS-51D 任务中 部署的 Leasat 卫星；开始在有 效载荷舱里进行修理工作。

序号	起始日期	持续时间 / 时 : 分	航天员	任务 / 航天器代号	备注
065	1985-09-01	4:26	范·霍芬 / 费希尔	STS-51 Ⅰ / OV103	完成了 Leasat 卫星的修理并在遥控操作系统的末端人工进行了重新部署。
066	1985-11-29	5:30	斯普林 / 罗斯	STS-61B/ OV104	在有效载荷舱用出舱活动中对空间结构的试验性组装和建设可直立空间结构的组装概念为未来空间站的工作进行太空建设试验。
067	1985-12-01	6:30	斯普林 / 罗斯	STS-61B/ OV104	用出舱活动中对结构的试验性组装和建设可直立空间结构的组装概念进行与"自由号"空间站项目有关的太空建设试验。
068	1986-05-28	3:50	基齐姆 / V·索洛维耶夫	Eo5/"礼炮7号"	从空间站外部收集实验设备；评估用于未来空间站建设的桁梁建造物。
069	1986-05-31	5:00	基齐姆 / V·索洛维耶夫	Eo5/"礼炮7号"	完成其他的太空建设试验；使用改进后的 URI 焊枪；"礼炮号"空间站的最后一次出舱活动。
070	1987-04-11	3:40	罗曼年科 / 拉维金	Eo2/"和平号"空间站节点	通过计划外的出舱活动把"和平号"空间站的后部对接口外妨碍"量子号"天体物理实验舱硬对接的外来物体消除；"和平号"空间站上的首次出舱活动。
071	1987-06-12	1:53	罗曼年科 / 拉维金	Eo2/"和平号"空间站节点	在"和平号"空间站外部加装一套附加的太阳能帆板。
072	1987-06-16	3:15	罗曼年科 / 拉维金	Eo2/"和平号"空间站节点	在"和平号"空间站外部加装两套附加的太阳能帆板。
073	1988-02-26	4:25	V·季托夫 / 马纳罗夫	Eo3/"和平号"空间站节点	更换由 Eo2 乘员组竖立的太阳能帆板的零件。

序号	起始日期	持续时间/ 时:分	航天员	任务/航天器 代号	备注
074	1988-06-30	5:10	V·季托夫/马纳罗夫	Eo3/"和平号"空间站节点	试图修"量子1号"舱上的X射线望远镜;由于扳手损坏,活动中止。
075	1988-10-20	4:12	V·季托夫/马纳罗夫	Eo3/"和平号"空间站节点	完成了"量子号"上的TTM望远镜的修理。
076	1988-12-09	5:57	A·沃尔科夫/克雷蒂安	Eo4/"和平号"空间站节点	首次美国/非苏联航天员进行的出舱活动;法国航天员克雷蒂安首次进行出舱活动;安装法国欧洲机械臂结构和法国实验设备。
077	1990-01-08	2:56	维克托连科/谢列波罗夫	Eo5/"和平号"空间站节点	在"和平号"空间站外部部署两台星体传感器并从空间站的桁架上回收样本。
078	1990-01-11	2:54	维克托连科/谢列波罗夫	Eo5/"和平号"空间站节点	回收1988年12月部署的法国实验设备并安装新的实验装置。
079	1990-01-26	3:02	维克托连科/谢列波罗夫	Eo5/"量子2号"	首次在"量子2号"舱上使用特制的气闸舱;为使用苏联的载人机动单元准备对接装置;拆除Krus天线;安装新的电视系统并测试改进后的邮舱活动航天服。
080	1990-02-01	4:59	维克托连科/谢列波罗夫	Eo5/"量子2号"	苏联载人机动单元首次飞行;谢列波罗夫从"和平号"空间站上(系索)飞起30米高。
081	1990-02-05	3:45	维克托连科/谢列波罗夫	Eo5/"量子2号"	维克托连科(系索)从"和平号"空间站上驾驶载人机动单元飞出45米远;为了庆祝胜利还表演了一个"胜利空翻"动作。

序号	起始日期	持续时间 / 时：分	航天员	任务 / 航天器代号	备注
082	1990-07-17	7:00	A·索洛维耶夫 / 巴兰丁	Eo6/ "量子2号"	试图修理已遭损坏的联盟号飞船热防护瓦；"量子2号"外部舱门的损坏意味着要用备用手段进入"和平号"空间站。
083	1990-07-26	3:31	A·索洛维耶夫 / 巴兰丁	Eo6/ "量子2号"	收拢"和平号"空间站外部梯子以备将来使用；完成"量子2号"外部已损坏舱门的临时性修理。
084	1990-10-30	3:45	马纳科夫 / 斯特列卡洛夫	Eo7/ "量子2号"	部分成功地完成了"量子2号"外部舱门的修理工作。
085	1991-01-07	5:18	阿法纳谢夫 / 马纳罗夫	Eo8/ "量子2号"	成功地完成了"量子2号"外部舱门的修理工作；为了能把"晶体号"实验舱上的太阳能电池阵改装到"量子1号"实验舱上而安装了起重机的支架。
086	1991-01-23	5:33	阿法纳谢夫 / 马纳罗夫	Eo8/ "量子2号"	在"和平号"空间站核心舱前部多功能适配对接点附近安装了起重机的第1根升降臂。
087	1991-01-26	6:20	阿法纳谢夫 / 马纳罗夫	Eo8/ "量子2号"	为将来重新安装太阳电池阵，在"量子1号"上安装了第2根升降臂。
088	1991-04-07	4:38	罗斯 / 阿普特	STS-37/OV104	64个月以来美国首次进行出舱活动；用计划外的出舱活动展开卡住的r射线观测器高增益天线。
089	1991-04-08	6:11	罗斯 / 阿普特	STS-37/OV104	完成了包括航天员及设备转移装置的机动试验在内的与未来建设有关的出舱活动实验。
090	1991-04-25	3:34	阿法纳谢夫 / 马纳罗夫	Eo8/ "量子2号"	检查出故障的 Kurs 天线，发现丢失了接收罩；更换了外部电视摄像系统。

序号	起始日期	持续时间 / 时 : 分	航天员	任务 / 航天器 代号	备注
091	1991-06-25	4:58	阿尔特谢 巴尔斯基 / 克里卡 列夫	Eo9/"量子 2 号"	更换损坏的 Kurs 天线。
092	1991-06-28	3:24	阿尔特谢 巴尔斯基 / 克里卡 列夫	Eo9/"量子 2 号"	在"和平号"空间站外部安装 美国的彗星射线检测器实验 设备。
093	1991-07-15	5:55	阿尔特谢 巴尔斯基 / 克里卡 列夫	Eo9/"量子 2 号"	在"量子 1 号"舱外部开始安 装 15 米长的 Sofora 桁架。
094	1991-07-19	6:20	阿尔特谢 巴尔斯基 / 克里卡 列夫	Eo9/"量子 2 号"	继续安装 Sofora 桁架。
095	1991-07-23	5:34	阿尔特谢 巴尔斯基 / 克里卡 列夫	Eo9/"量子 2 号"	继续安装 Sofora 桁架。
096	1991-07-27	6:49	阿尔特谢 巴尔斯基 / 克里卡 列夫	Eo9/"量子 2 号"	完成了 Sofora 桁架的安装；阿 尔特谢巴尔斯基的航天服温度 过高，汗水阻碍了他的视线； 他由克里卡列夫引导着返回 舱门。
097	1992-02-20	4:12	A·沃尔科 夫 / 维克 托连科	Eo10/"量子 2 号"	在"量子 2 号"外安装了新的 实验设备；沃尔科夫的航天服 出现故障，迫使出舱活动提前 结束。
098	1992-05-10	3:43	索特 / 希贝	STS-49/OV105	试图捕获 Intelsat Ⅵ卫星， 失败。
099	1992-05-12	5:30	索特 / 希贝	STS-49/OV105	再次试图捕获 Intelsat Ⅵ卫星， 失败。

序号	起始日期	持续时间 / 时：分	航天员	任务 / 航天器代号	备注
100	1992－05－13	8:29	索特 / 希贝 / 埃克斯	STS－49/OV105	首次 3 人出舱活动；3 人用手捕获了 Intelsat Ⅵ 卫星，在其上安装了一台新辅助发动机然后将其重新部署，这是第 100 次的出舱活动也是历史上最长的一次出舱活动。
101	1992－05－14	7:45	K・托恩顿 / 埃克斯	STS－49/OV105	试验"自由号"空间站建设技术和航天员营救程序；托恩顿创造了新的女航天员进行出舱活动的时间纪录。
102	1992－07－08	2:05	维克托连科 / 卡列里	Eo11/"量子2 号"	完成"量子 2 号"试验舱的外部修理。
103	1992－09－03	3:56	A・索洛维耶夫 / 阿弗杰耶夫	Eo12/"量子2 号"	开始在 Sofora 桁架上安装新 VDU 推进系统。
104	1992－09－07	5:08	A・索洛维耶夫 / 阿弗杰耶夫	Eo12/"量子2 号"	继续在 Sofora 桁架上安装 VDU；降下"和平号"空间站外的苏联国旗。
105	1992－09－11	5:44	A・索洛维耶夫 / 阿弗杰耶夫	Eo12/"量子2 号"	继续在 Sofora 桁架上安装 VDU。
106	1992－09－15	3:33	A・索洛维耶夫 / 阿弗杰耶夫	Eo12/"量子2 号"	为了给计划中的"暴风雪号"和美国航天飞机对接雷达提供帮助，在"晶体号"实验舱上安装了天线。
107	1993－01－17	4:28	哈博 / 朗科	STS－54/OV105	为建设"自由号"空间站和进行"哈勃"太空望远镜修复活动而演示和试验正在研发的技术。
108	1993－04－19	5:25	马纳科夫 / 波列什丘克	Eo13/"量子2 号"	在"和平号"空间站外部开始转移太阳电池阵。

序号	起始日期	持续时间 / 时 : 分	航天员	任务 / 航天器 代号	备注
109	1993-06-18	4:18	马纳科夫 / 波列什 丘克	Eo13/"量子 2 号"	开始进行了即将由下一乘员组 完成的"和平号"空间站外部 建造出舱活动。
110	1993-06-25	5:50	洛 / 威 索夫	STS-57/OV105	航天员安装 EURECA 天线；评 估"自由号"空间站出舱活动 任务和"哈勃"太空望远镜修 复方法。
111	1993-09-16	4:18	齐波利耶 夫 / 谢列 波罗夫	Eo14/"量子 2 号"	在 3 次出舱活动的第 1 次中， 在"和平号"空间站外部安装 Rapana 杆；检查外壳被英仙座 流星雨损坏的情况。
112	1993-09-16	7:05	华尔兹 / 纽曼	STS-51/OV103	进一步试验"哈勃"太空望远 镜修理工具和技术。
113	1993-09-20	3:13	齐波利耶 夫 / 谢列 波罗夫	Eo14/"量子 2 号"	继续安装 Rapana 杆；安装可 回收的样本装置。
114	1993-09-28	1:52	齐波利耶 夫 / 谢列 波罗夫	Eo14/"量子 2 号"	计划内的出舱活动完成 Rapana 的安装，并为空间站外部摄 影；因为齐波利耶夫的航天服 温度过高，缩短了出舱活动 时间。
115	1993-10-22	0:38	齐波利耶 夫 / 谢列 波罗夫	Eo14/"量子 2 号"	在"量子 2 号"上安装新设 备装置；完成空间站外部的 摄影。
116	1993-10-29	4:12	齐波利耶 夫 / 谢列 波罗夫	Eo14/"量子 2 号"	检查太阳电池阵和外部天线； 检查 Sofora 桁架并回收材料样 本以便确定"和平号"空间站 未来的运行寿命。
117	1993-12-04	7:54	霍夫曼 / 马斯格 雷夫	STS-61/OV105	首次"哈勃"太空望远镜服务 性任务；首次包括更换出现 故障的陀螺仪的服务性出舱 活动。

序号	起始日期	持续时间/时:分	航天员	任务/航天器代号	备注
118	1993-12-05	6:36	K·托恩顿/埃克斯	STS-61/OV105	第2次"哈勃"太空望远镜服务性出舱活动，拆除旧的并安装新的太阳电池阵。
119	1993-12-06	6:47	霍夫曼/马斯格雷夫	STS-61/OV105	第3次"哈勃"太空望远镜服务性出舱活动；安装新摄像设备。
120	1993-12-07	6:50	K·托恩顿/埃克斯	STS-61/OV105	第4次"哈勃"太空望远镜服务性出舱活动；安装校正镜头太空望远镜轴替代装置和一台新计算机，切断松开的太阳能帆板。
121	1993-12-08	7:21	霍夫曼/马斯格雷夫	STS-61/OV105	第5次"哈勃"太空望远镜服务性出舱活动；安装新型控制系统。
122	1994-09-09	5:06	马连琴科/穆萨巴耶夫	Eo16/"量子2号"	检查与"进步M-24号"飞船碰撞后的对接口；修理被"联盟TM-17号"飞船撕裂的热防护瓦；连接新的太阳能帆板；为计划中的美国航天飞机的对接确定"和平号"空间站的构形。
123	1994-09-13	6:01	马连琴科/穆萨巴耶夫	Eo16/"量子2号"	从Rapana收回样本；完成Sofora桁架上的维护工作；在"量子2号"实验舱外部维护太阳能帆板。
124	1994-09-16	6:51	李/米德	STS-64/OV103	第1次试验出舱活动救援简化辅助设备，即自由飞行航天员营救喷气装置（更小型的载人机动单元）。
125	1995-02-09	4:39	哈里斯/福尔勒	STS-63/OV103	评估航天员转移大型物资的能力与未来阿尔法空间站任务有关；低温出舱活动手套的试验，没有成功。

序号	起始日期	持续时间/时:分	航天员	任务/航天器代号	备注
126	1995-05-12	6:15	杰茹罗夫/斯特卡洛夫	Eo18/"量子2号"	为了让美国航天飞机对接，准备拆除"和平号"空间站外部的太阳电池阵。
127	1995-05-17	6:30	杰茹罗夫/斯特卡洛夫	Eo18/"量子2号"	开始拆除太阳电池阵，但没有完成。
128	1995-05-22	5:15	杰茹罗夫/斯特卡洛夫	Eo18/"量子2号"	完成上次出舱活动拆除第1块太阳电池阵的任务。
129	1995-05-28	0:21	杰茹罗夫/斯特卡洛夫	Eo18/"和平号"空间站节点	内部出舱活动（"和平号"空间站上的第1次），在前部转移舱中穿着全套出舱活动航天服为6月1日进行的"光谱号"实验舱对接重新放置Konus设备。
130	1995-06-01	0:24	杰茹罗夫/斯特卡洛夫	Eo18/"和平号"空间站节点	第2次内部出舱活动把Konus对接椎体放回5月28日之前的位置上。
131	1995-07-14	5:34	A·索洛维耶夫/布达林	Eo19/"量子2号"	检查对接帽泄漏情况；为随后转移"晶体号"实验舱移动2块太阳能帆板。
132	1995-07-19	3:08	A·索洛维耶夫/布达林	Eo19/"量子2号"	布达林开始安装"和平号"空间站AS红外分光仪；由于航天服有问题索洛维耶夫没能出舱，仍停留在转移舱内。
133	1995-07-21	5:50	A·索洛维耶夫/布达林	Eo19/"量子2号"	完成"和平号"空间站AS红外分光仪的安装。
134	1995-09-15	6:46	沃斯/杰哈尔特	STS-69/OV105	试验出舱活动热力传动装置；继续试验阿尔法空间站技术（EDFT-2。）

序号	起始日期	持续时间 / 时∶分	航天员	任务 / 航天器 代号	备注
135	1995-10-20	5:16	阿弗杰 耶夫 / 赖 特尔	Eo20/"量子 2 号"	欧洲航天局的航天员赖特尔 （首位进行出舱活动的德国航 天员）在"和平号"空间站外 安装了欧洲实验设备。
136	1995-12-08	0:29	吉申科 / 阿弗杰 耶夫	Eo20/"和平 号"空间站 节点	第 3 次"和平号"空间站内部 的出舱活动；为了"自然号" 实验舱的对接，把 –Z 对接椎 体放置在 +Z 口。
137	1996-01-15	6:09	基奥 / 巴里	STS-72/OV105	空间站硬件设备评估，第 3 次出舱活动研发飞行试验 （EDFT-3）练习；这次使用了 脐带、多功能箱和工作平台。
138	1996-01-17	6:54	基奥 / W·斯 科特	STS-72/OV105	继续进行前一次出舱活动开始 的出舱活动研发飞行试验项 目；另外斯特科的出舱活动单 元进行了 30 分钟"冷浸"，实 验它的热力学性能。
139	1996-02-08	3:06	吉申科 / 赖特尔	Eo21/"量子 2 号"	回收在 1995 年 10 月 20 日 Eo20 任务第 1 次出舱活动中 部署的外露 ESEF 装置；航天 员把 Ikarus 载人机动单元放到 "量子 2 号"外部一个不变的 位置上，让气闸舱里有更多的 空间；载人机动单元一直保留 到 2000 年 3 月"和平号"殉 落；没能从太阳电池阵上拆除 天线。
140	1996-03-15	5:51	奥努夫列 恩科 / 乌 萨赫夫	Eo21/"量子 2 号"	在"和平号"空间站基础部分 安装第 2 台 Strela 起重机；航 天员还为"量子号"上的新太 阳电池阵铺设了电缆。

序号	起始日期	持续时间 / 时 : 分	航天员	任务 / 航天器 代号	备注
141	1996-03-27	6:02	戈德温 / 克里福德	STS-76/OV104	美国航天员首次在与"和平号"空间站对接的航天飞机上进行出舱活动；航天员把MEEP尘土收集器安装到"和平号"空间站对接舱的外部，但没能横向穿过"和平号"空间站；他们还对用于国际空间站的出舱活动操作的通用足部约束装置和系索挂钩进行了评估。
142	1996-05-20	5:20	奥努夫列恩科 / 乌萨赫夫	Eo21/"量子2号"	把"和平号"空间站对接舱外部的太阳能电池移到"量子1号"舱的外部。
143	1996-05-24	5:43	奥努夫列恩科 / 乌萨赫夫	Eo21/"量子2号"	在"量子1号"舱的外部安装苏联 / 美国太阳能帆板。
144	1996-05-30	4:20	奥努夫列恩科 / 乌萨赫夫	Eo21/"量子2号"	在"和平号"空间站外部安装MOMS-2摄像机和一个出舱活动扶手。
145	1996-06-06	3:34	奥努夫列恩科 / 乌萨赫夫	Eo21/"量子2号"	在"和平号"空间站外部安装SKK-11实验设备并更换KOMZA实验装置。他们还完成了百事可乐广告活动的部分拍摄。
146	1996-06-13	5:46	奥努夫列恩科 / 乌萨赫夫	Eo21/"量子2号"	航天员安装和部署Ferma-3桁架并修理Travers天线；他们还完成了百事可乐广告活动的第2部分拍摄。
—	1996-11-28	0:48	琼斯 / 杰尼根	STS-60/OV102	由于气闸舱的舱门无法打开，航天员没能完成计划内的出舱活动；在气闸舱的真空环境里待了48分钟。

序号	起始日期	持续时间 / 时：分	航天员	任务 / 航天器 代号	备注
147	1996－12－02	5:57	科尔尊 / 卡列里	Eo22/"量子 2 号"	把太阳能电池的电源线连接 到"和平号"空间站主电力总 线上。
148	1996－12－09	6:36	科尔尊 / 卡列里	Eo22/"量子 2 号"	完成了上次出舱活动开始的电 源线的连接。
149	1997－02－13	6:42	李 / 史 密斯	STS－82/OV103	第 6 次"哈勃"太空望远镜服 务性出舱活动；用新型的太空 望远图像分光摄像仪（STIS） 和近红外照相机及多目标分光 仪（NICMOS）更换了老式的 高分辨分光摄像仪及非清晰目 标分光摄像仪。
150	1997－02－14	7:27	哈博 / 塔纳	STS－82/OV103	第 7 次"哈勃"太空望远镜服 务性出舱活动；更换了远程引 导系统（FGS）和过时的录像 机；安装光学控制电子增强元 件（OCE-EK）；航天员还注意 到望远镜上绝缘体的损坏。
151	1997－02－15	7:11	李 / 史 密斯	STS－82/OV103	第 8 次"哈勃"太空望远镜服 务性出舱活动；更换了数据界 面单元（DIU）并安装了新的 固体数据记录装置。
152	1997－02－16	6:34	哈博 / 塔纳	STS－82/OV103	第 9 次"哈勃"望远镜服务性 出舱活动；更换了太阳能帆板 驱动电子器件（SADE）；为地 磁仪安装了外套；开始修理 2 月 14 日出舱活动中发现的绝 缘体损坏。
153	1997－02－17	5:17	李 / 史 密斯	STS－82/OV103	第 10 次"哈勃"太空望远镜 服务性出舱活动；这是飞行计 划中增加的一次出舱活动，为 的是在望远镜外部贴上热力绝 缘防护瓦。

序号	起始日期	持续时间/ 时：分	航天员	任务/航天器 代号	备注
154	1997-04-29	4:48	齐波利耶夫/林南格尔	Eo23/"量子2号"	首次美俄联合出舱活动；美国航天员首次使用俄罗斯出舱活动航天服（奥兰 M）；回收"和平号"空间站外部的实验设施。
155	1997-08-22	3:16	A·索洛维耶夫/维诺格拉多夫	Eo24/"和平号"空间站节点	第4次"和平号"空间站的舱内活动；把损坏的"光谱号"实验舱的电源线连接到"和平号"空间站的基体上。
156	1997-09-06	6:00	A·索洛维耶夫/福尔勒	Eo24/"量子2号"	第2次美俄联合出舱活动；航天员在"光谱号"实验舱的构架上寻找断裂的痕迹但没有找到；完成太阳电池阵的人工排列。
157	1997-10-01	5:01	帕拉普斯基/V·季托夫	STS-86/OV104	第3次美俄联合厂出舱活动；第1次从航天飞机上完成；从"和平号"空间站外部回收了 MEEP 装置。
158	1997-10-20	6:38	A·索洛维耶夫/维诺格拉多夫	Eo24/"和平号"空间站节点	第5次"和平号"空间站的舱内活动；完成"光谱号"实验舱电源线的连接。
159	1997-11-03	6:04	A·索洛维耶夫/维诺格拉多夫	Eo24/"量子2号"	取下"量子号"实验舱的旧太阳电池阵并进行更换；人工发射微型人造地球卫星的复制品，纪念太空时代40周年（10月4日）。
160	1997-11-06	6:17	A·索洛维耶夫/维诺格拉多夫	Eo24/"量子2号"	转移太阳能帆板；临时为修理"光谱号"实验舱泄漏安装了一个罩；舱门泄漏延长了出舱活动的时间。

238

序号	起始日期	持续时间 / 时 : 分	航天员	任务 / 航天器 代号	备注
161	1997-11-24	7:43	W·斯科特 / 土井	STS-87/OV102	第一位日本航天员（土井）进行出舱活动；计划外的 Spsr-tan 回收；国际空间站的出舱活动硬件设备的进一步试验。
162	1997-12-03	4:59	W·斯科特 / 土井	STS-87/OV103	第 2 次日本航天员出舱活动；继续进行先前未完成的国际空间站的出舱活动硬件设备 / 程序试验。
163	1998-01-08	4:04	A·索洛维耶夫 / 维诺格拉多夫	Eo24/"量子2 号"	试图修复泄漏的气闸舱舱门。
164	1998-01-14	6:38	A·索洛维耶夫 / 沃尔夫	Eo24/"量子2 号"	第 4 次美俄联合出舱活动；检查"和平号"空间站外部并修复出问题的出舱活动气闸舱舱门。
—	1998-03-03	1:15	穆萨巴耶夫 / 布达林	Eo25/"量子2 号"	失败的出舱活动；第 6 次"和平号"空间站的舱内活动；在努力打开出舱活动舱门时，布达林弄坏了工具。
165	1998-04-01	6:40	穆萨巴耶夫 / 布达林	Eo25/"量子2 号"	在"和平号"空间站外部安装了扶手，为计划中的"光谱号"实验舱太阳电池阵基座修理做准备。
166	1998-04-06	4:23	穆萨巴耶夫 / 布达林	Eo25/"量子2 号"	加固了"光谱号"实验舱太阳电池阵基座；由于"和平号"空间站的定向系统出现飞行控制错误缩短了出舱活动时间。
167	1998-04-11	6:25	穆萨巴耶夫 / 布达林	Eo25/"量子2 号"	含全部拆除并丢弃了外部控制发动机（VDU）装置。

序号	起始日期	持续时间 / 时：分	航天员	任务 / 航天器代号	备注
168	1998-04-17	6:32	穆萨巴耶夫 / 布达林	Eo25/ "量子 2 号"	拆除 Strela 桁架和 #3 桁架，并开始安装新的 VDU 装置。
169	1998-04-22	6:21	穆萨巴耶夫 / 布达林	Eo25/ "量子 2 号"	在"和平号"空间站外部塔顶完成了新的 VDU 装置的安装；与空间站有关的第 100 次出舱活动。
一	1998-09-15	0:30	阿弗杰耶夫 / 帕达尔卡	Eo26/ "和平号"空间站节点	第 7 次"和平号"空间站的舱内活动；在前对接点里连接"光谱号"实验舱舱门热镀层上的电缆。
170	1998-11-10	5:54	阿弗杰耶夫 / 帕达尔卡	Eo26/ "量子 2 号"	安装 6 套新的外部实验设备；进行维护和修理；第 2 次手工发射微型人造地球卫星复制品。
171	1998-12-07	7:21	罗斯 / 纽曼	STS-88/OV105	首次与国际空间站有关的出舱活动；以航天飞机轨道器为基地；从"曙光号"实验舱把电缆线连接到"联合号"实验舱上；为未来的出舱活动安装了扶手和支持设备。
172	1998-12-09	7:02	罗斯 / 纽曼	STS-88/OV105	第 2 次国际空间站的出舱活动；在"联合号"实验舱上安装了 2 根天线并拿走了节点舱门上的发射固定栓；还在"曙光号"实验舱上展开了卡住了的 TORU 天线。
173	1998-12-12	6:59	罗斯 / 纽曼	STS-88/OV105	第 3 次国际空间站的出舱活动；为未来出舱活动航天员装好出舱活动工具包；在"曙光号"实验舱上展开第 2 个卡住的 TORU 天线，并对空间站结构外部进行调查。

240

序号	起始日期	持续时间 / 时 : 分	航天员	任务 / 航天器 代号	备注
174	1999－04－16	6:19	阿法纳 谢夫 / 艾 涅尔	Eo26/ "量子 2 号"	第 2 次法国航天员出舱活动； 进行了法国航天局的实验；手 工部署了第 3 个微型人造地球 卫星的复制品。
175	1999－05－28	7:55	杰尼根 / 巴里	STS－96/OV103	第 4 次国际空间站的出舱活动； 把航天飞机有效载荷舱里存放 的美国轨道转移装置和俄罗斯 的 Strela 起重机移到 "联合 号" 实验舱上；在空间站上安 装了另一套出舱活动工具；最 长的一次女航天员出舱活动。
176	1999－07－23	6:07	阿法纳谢 夫 / 阿弗 杰耶夫	Eo26/ "量子 2 号"	试图部署俄罗斯 / 格鲁吉亚反 射天线。
177	1999－07－28	5:22	阿法纳谢 夫 / 阿弗 杰耶夫	Eo26/ "量子 2 号"	部署俄罗斯 / 格鲁吉亚反射器； 部署和回收外露的样本容器。
178	1999－12	—	史密斯 / 格鲁斯费 尔德	STS－103/ OV103	第 11 次 "哈勃" 太空望远镜 服务性出舱活动。
179	1999－12	—	福尔勒 / 尼科尔洛 利尔	STS－103/ OV103	第 12 次 "哈勃" 太空望远镜 服务性出舱活动；第 1 次瑞士 航天员出舱活动。
180	1999－12	—	史密斯 / 格鲁斯费 尔德	STS－103/ OV103	第 13 次 "哈勃" 太空望远镜 服务性出舱活动。
181	2000－05－12	4:52	扎莱京 / 卡列里	Eo28/ "量子 2 号"	"和平号" 空间站上的最 后一次出舱活动；使用了 Germatisator 密封实验设备；完 成了全面检查；检查了出现故 障的太阳能电池。

序号	起始日期	持续时间 / 时：分	航天员	任务 / 航天器代号	备注
182	2000-05-21	6:44	威廉姆斯 / 沃斯	STS-101/ OV104	第 5 次国际空间站的出舱活动；固定 OTD 装置；为 Strela 起重机安装最后的零件并更换了"联合号"实验舱上的天线；完成几项"革新"任务。
183	2000-09-10	6:14	鲁 / 马连琴科	STS-106/ OV104	第 6 次国际空间站的出舱活动；第 5 次美俄联合出舱活动；连接"星辰号"和"曙光号"实验舱之间的电力线和通信线；安装地磁仪。
184	2000-10-15	6:28	基奥 / 麦克阿瑟	STS-92/OV103	第 7 次国际空间站的出舱活动；部署 2 套天线组装部件并安装出舱活动工具箱；为 Z1 桁架连接电缆。
185	2000-10-16	7:07	威索夫 / 洛佩斯阿莱格里亚	STS-92/OV103	第 8 次国际空间站出舱活动；为安装太阳能帆板准备 Z1 桁架；松开固定 PMA-3 的发射栓。
186	2000-10-17	6:48	基奥 / 麦克阿瑟	STS-92/OV103	第 9 次国际空间站出舱活动；安装第 2 套出舱活动工具箱；继续结构建设，连接电缆；在 Z1 桁架上安装 2 个 DC 转换器。
187	2000-10-18	6:56	威索夫 / 洛佩斯阿莱格里亚	STS-92/OV103	第 10 次国际空间站的出舱活动；试验出舱活动救援简化辅助设备的备用设备；完成出舱活动最后任务。
188	2000-12-03	7:33	坦纳 / 诺里加	STS-97/OV105	第 11 次国际空间站的出舱活动；安装 P6 桁架组件并部署 2 块太阳电池阵（之前有 1 块卡住了）；连接电源和数据线。

序号	起始日期	持续时间 / 时 : 分	航天员	任务 / 航天器 代号	备注
189	2000-12-05	6:37	坦纳 / 诺 里加	STS-97/OV105	第 12 次国际空间站的出舱活动；检查部分部署完毕的太阳电池阵；连接电源线和数据线和 P6 冷却管道；更换 P6 的 S- 波段装置。
190	2000-12-07	5:10	坦纳 / 诺 里加	STS-97/OV105	第 13 次国际空间站的出舱活动；修理 P6；在辐射器上安装 1 根小型天线和 1 台传感器；还安装了 1 台浮动探测器和 1 台位于中心线的摄像机。
191	2001-02-10	7:34	琼斯 / 柯 比姆	STS-98/OV104	第 14 次国际空间站的出舱活动；观测 PMA-2 的移位；连接电源线和数据线；柯比姆的航天服被泄露的氨气污染需要利用太阳光清除污染物。
192	2001-02-12	6:50	琼斯 / 柯 比姆	STS-98/OV104	第 15 次国际空间站的出舱活动；出舱活动航天员帮助重新确定"命运号"实验舱上的 PMA-2 的位置；为"发现号"有效载荷舱安装绝缘护罩；安装 SSRMS 基座。
193	2001-02-14	5:25	琼斯 / 柯 比姆	STS-98/OV104	第 16 次国际空间站的出舱活动；连接 S- 波段天线；释放冷却器；检查连接器；试验出舱活动救援简化辅助设备的飞行；这是自 1965 年 6 月美国"双子星座 4 号"以来的第 100 次出舱活动。
194	2001-03-11	8:56	沃斯 / 赫 尔姆斯	STS-102/ OV103	第 17 次国际空间站的出舱活动；把"联合号"实验舱上的早期通信天线重新放置到 PMA 上；在"命运号"实验舱上安装实验支架组装件（Lab Cradle Assembly）；安装 SSRMS 电缆盘；创造出舱活动持续时间的新纪录。

序号	起始日期	持续时间/ 时:分	航天员	任务/航天器 代号	备注
195	2001-03-13	6:21	托马斯/ 理查德斯	STS-102/ OV103	第18次国际空间站的出舱活动;建立储物平台;完成上次活动开始进行的电缆线的连接;对太阳电池阵支架进行微调。
196	2001-04-22	7:10	帕拉普斯基/哈德 菲尔德	STS-100/ OV105	第19次国际空间站的出舱活动;加拿大航天员的首次出舱活动(哈德菲尔德);安装超高频天线和录像控制器;在SSRMS和"命运号"实验舱实验机器人工作站之间安装电源线;安装Canadarm2(SSRMS)。
197	2001-04-24	7:40	帕拉普斯基/哈德 菲尔德	STS-100/ OV105	第20次国际空间站的出舱活动;加拿大航天员的第2次出舱活动;为Canadarm2重新连接分布电源和数据线。
198	2001-06-08	0:19	乌萨赫夫/沃斯	Eo2/"星辰号"	第21次国际空间站的出舱活动;第6次美俄联合出舱活动;用对接锥体更换了"星辰号"实验舱最低点对接口的平板;在没有航天飞机对接的情况下首次在国际空间站上的舱内活动。
199	2001-07-14	5:59	杰哈尔特/赖利	STS-104/ OV104	第22次国际空间站的出舱活动;向"联合号"实验舱转移建立"探索号"气闸舱;连接加热器电缆。
200	2001-07-17	6:29	杰哈尔特/赖利	STS-104/ OV104	第23次国际空间站的出舱活动;从"亚特兰蒂斯号"航天飞机有效载荷舱向气闸舱外部转移了2个氧气罐和1个氮气储罐。

244

序号	起始日期	持续时间 / 时 : 分	航天员	任务 / 航天器 代号	备注
201	2001-07-20	4:02	杰哈尔特 / 赖利	STS-104/ "探 索号"	第 24 次国际空间站的出舱活动；首次 "探索号" 气闸舱上的出舱活动；从 "亚特兰蒂斯号" 航天飞机有效载荷舱向气闸舱外部转移了 1 个氮气罐；检查太阳电池阵支架顶端的万向节状态；庆祝 "阿波罗 11 号" 着陆月球及地面行走 32 周年。
202	2001-08-16	6:16	巴里 / 福 里斯特	STS-105/ OV103	第 25 次国际空间站的出舱活动；航天员在 P6 桁架上安装早期氨气服务器（EAS），并在气闸舱内安装国际空间站材料实验（MISSE) 装置。
203	2001-08-18	5:29	巴里 / 福 里斯特	STS-105/ OV103	第 26 次国际空间站的出舱活动；安装 6 根出舱活动扶手；在 "命运号" 实验舱上重新安装了另外 2 个扶手；为将来的 SO 支架固定了加热器电缆线。
204	2001-10-08	4:58	杰茹罗夫 / 蒂乌林	Eo3/Pirs	第 27 次国际空间站的出舱活动；由 Pirs 气闸舱首次出舱活动及首次全由俄罗斯航天员参与的国际空间站的出舱活动；竖立天线并在 Pirs 气闸舱外部设立对接点；首次在没有对接航天飞机情况下的国际空间站的出舱活动；自 1965 年 3 月 "上升 2 号" 以来第 100 次苏联 / 俄罗斯出舱活动。
205	2001-10-15	5:52	杰茹罗夫 / 蒂乌林	Eo3/Pirs	第 28 次国际空间站的出舱活动；在 "星辰号" 上放置 Kravka 样本检测器及 MPAC 和 SEED 实验设备；撤下苏联国旗并安装商业标志。

序号	起始日期	持续时间 / 时：分	航天员	任务 / 航天器 代号	备注
206	2001−11−12	5:04	杰茹罗夫 / 卡伯特森	Eo3/Pirs	第 29 次国际空间站的出舱活动；第 7 次美俄联合出舱活动；分布并固定从 Pirs 气闸舱到国际空间站内部的电缆线；检查和拍摄一小部分"星辰号"上的太阳能电池；在 Pirs 气闸舱上安装扶手；检查 Strela 货物起重机的伸展功能。
207	2001−12−03	2:46	杰茹罗夫 / 蒂乌林	Eo3/Pirs	第 30 次国际空间站的出舱活动；首次国际空间站的计划外出舱活动；清除"进步 M−45 号"货运飞船在 11 月 28 日对接后在 Pirs 气闸舱对接设备上留下的 O 形橡胶圈阻塞物；这些阻塞物使"进步 M1−7 号"飞船在 11 月 28 日的对接无法进行，后来在 12 月 3 日完成。
208	2001−12−11	4:12	戈德温 / 塔尼	STS−108/ OV105	第 31 次国际空间站的出舱活动；为位于 P6 桁架顶端的 β 万向节安装绝缘护套；试图解开缠绕太阳电池阵的电线，未成功。
209	2002−01−14	6:03	奥努夫列恩科 / 华尔兹	Eo4/Pirs	第 32 次国际空间站的出舱活动；第 8 次美俄联合出舱活动；安装无线电业余爱好者天线；完成 Strela 起重器械的组装。
210	2002−01−25	5:59	奥努夫列恩科 / 布尔施	Eo4/Pirs	第 33 次国际空间站的出舱活动；第 9 次美俄联合出舱活动；安装 6 台推力器气流导向装置；安装 4 套新实验设备并回收 1 套旧设备；连接系索导线和无线电爱好者天线。

序号	起始日期	持续时间 / 时 : 分	航天员	任务 / 航天器 代号	备注
211	2002-02-20	5:47	华尔兹 / 布尔施	Eo4/ "探索号"	第 34 次国际空间站的出舱活动；连接 "命运号" 实验舱到 Z1 桁架的电缆线；拆除早期出舱活动使用过的工具和扶手；这次出舱活动进行的时候正好是约翰·格林的 "水星 6 号" 飞行 40 周年纪念日。
212	2002-03-04	7:01	格鲁斯菲尔德 / 利纳汉	STS-109/ OV102	第 14 次 "哈勃" 太空望远镜服务性出舱活动；更换 2 块第二代太阳电池阵中的 1 块；更换二极管组装箱；为此后的出舱活动完成了一些准备工作。
213	2002-03-05	7:16	纽曼 / 马辛米诺	STS-109/ OV102	第 15 次 "哈勃" 太空望远镜服务性出舱活动；用新的部件和它的二极管组装箱更换第 2 块太阳电池阵，更换 1 号反应轮装置。
214	2002-03-06	6:48	格鲁斯菲尔德 / 利纳汉	STS-109/ OV102	第 16 次 "哈勃" 太空望远镜服务性出舱活动；更换 4 号舱里的望远镜动力控制器；利纳汉检查了在第 4 次、第 5 次出舱活动中使用过的 "哈勃" 太空望远镜外部扶手。
215	2002-03-07	7:30	纽曼 / 马辛米诺	STS-109/ OV102	第 17 次 "哈勃" 太空望远镜服务性出舱活动；用新的先进摄像机更换非清晰目标摄像机便于观察；完成清洗动力控制器的任务。
216	2002-03-08	7:20	格鲁斯菲尔德 / 利纳汉	STS-109/ OV102	第 18 次 "哈勃" 太空望远镜服务性出舱活动；在 NICMOS 实验设备附近安装低温冷却器及其冷却系统散热器。

序号	起始日期	持续时间/时:分	航天员	任务/航天器代号	备注
217	2002-04-11	7:48	S·史密斯/沃尔海姆	STS-110/OV104	第35次国际空间站的出舱活动；转移并连接S-Zero支架。
218	2002-04-13	7:30	罗斯/莫林	STS-110/OV104	第36次国际空间站的出舱活动；完成S-Zero支架的连接；连接多余备用的电源线。
219	2002-04-14	6:27	S·史密斯/沃尔海姆	STS-110/OV104	第37次国际空间站的出舱活动；连接移动转换器；通过S0支架把电源连接到SSRMS上。
220	2002-04-16	6:37	罗斯/莫林	STS-110/OV104	第38次国际空间站的出舱活动；安装工作照明灯，为未来在S0支架上的出舱活动安装气闸舱支撑物。
221	2002-06-09	7:14	张福林/佩兰	STS-111/OV105	第39次国际空间站的出舱活动；法国航天员的第3次出舱活动；把电源/数据/抓钩固定装置转移到太阳电池阵上；连接太空碎片防护装置；为安装移动基础系统（MBS）做准备。
222	2002-06-11	5:00	张福林/佩兰	STS-111/OV105	第40次国际空间站的出舱活动；法国航天员的第4次出舱活动；让MBS与连接电源匹配，数据和电缆线相匹配。
223	2002-06-13	7:17	张福林/佩兰	STS-111/OV105	第41次国际空间站的出舱活动；法国航天员的第5次出舱活动；更换出现故障的空间站移动服务系统腕部滚动连接装置；为将来重新放置准备P6桁架。

序号	起始日期	持续时间 / 时 : 分	航天员	任务 / 航天器代号	备注
224	2002-08-16	4:25	科尔尊 / 惠特森	Eo5/Pirs	第 42 次国际空间站的出舱活动；第 10 次美俄联合出舱活动；在"星辰号"上安装了 6 块空间碎片防护板（计划安装 23 块）。安装由出舱活动推迟进行而推迟安装的俄罗斯 Kromka 实验设备。
225	2002-08-26	5:21	科尔尊 / 特雷谢维	Eo5/Pirs	第 43 次国际空间站的出舱活动；为未来要进行的出现活动组装工作存放零件的需要，在"曙光号"上安装了外部结构。在放置在"星辰号"外边的一对 NASDA（日本）实验设备里安装新的样本材料。航天员为了简化未来出舱活动组装工作中的拴系流程而安装一些装置；在"星辰号"上安装了 2 根无线电爱好者天线并安装用于测量"星辰号"推进器残余发射物的 Kromka 硬件设备。
226	2002-10-10	7:01	沃尔夫 / 塞勒斯	STS-112/"探索号"	第 44 次国际空间站的出舱活动；在 S0 支架和新安装的 S1 支架之间连接电源线、数据线和液体管线；部署第 2 套 S- 波段通信系统；安装 2 套外部摄像系统中的 1 套；松开支架上的移动出舱活动工作站（CETA）发射固定装置，并松开为发射而固定 S1 的散热器的发射栓。
227	2002-10-12	6:04	沃尔夫 / 塞勒斯	STS-112/"探索号"	第 45 次国际空间站的出舱活动；安装了第 2 套外部摄像系统并进一步松开散热器横梁发射锁；移走在 Z1 和 P6 连接处的快速断开装置的绝缘物，安装 Spool 定位装置；解开了位于 CETA 右舷侧边的发射固定装置并连接氨气罐组装电缆。

序号	起始日期	持续时间 / 时：分	航天员	任务 / 航天器 代号	备注
228	2002-10-14	6:36	沃尔夫 / 塞勒斯	STS-112/ "探索号"	第 46 次国际空间站的出舱活动；更换一定转换器上的交界脐带组装器；为冷却剂在 S1 和 S0 支架间流动安装 2 台跳动装置；拆下作为 S1 发射固定装置使用的大型金属棒并将其收拢；在氨气管线上安装 Spool 定位装置。
229	2002-11-26	6:45	洛佩斯阿莱格里亚 / 赫林顿	STS-113/ "探索号"	第 47 次国际空间站的出舱活动；完成 P1 和 S0 支架之间的连接；释放 CETA 上的发射固定装置；在国际空间站上安装 （Spool）定位装置；移走 P1 上的滞后连接链；为支持出舱活动头盔上的照相器材的运行，将外部传送器材上的无线录像系统连接到 "联合号" 的节点上。
230	2002-11-28	6:10	洛佩斯阿莱格里亚 / 赫林顿	STS-113/ "探索号"	第 48 次国际空间站的出舱活动；在 SO/P1 连接点上安装液体跳动器；拆下 P1 上的右舷龙骨钉；在外部传送器材上安装第 2 套无线录像系统并连接到 P1 上；拆下左舷龙骨钉；把 CETA 的位置从 P1 挪到 S1 支架上，使得移动传送器可以沿 P1 移动支持未来的飞行工作。
231	2002-11-30	7:00	洛佩斯阿莱格里亚 / 赫林顿	STS-113/ "探索号"	第 49 次国际空间站的出舱活动；安装另一个 SPD（40 次出舱活动中总共只用过 3 次）；安装通过主动力车启动装置输送动力的外部电力装置；连接氨气罐组装管线。

序号	起始日期	持续时间/时:分	航天员	任务/航天器代号	备注
232	2003-01-15	6:51	鲍尔索克斯/佩蒂特	Eo6/"探索号"	第50次国际空间站的出舱活动；继续安装和激活P1支架；拆下剩余的辐射发射固定锁；移走在"联合号"面向地球的对接口密封圈上的碎片；试验P6支架氨气储存库；没能完成CETA上灯光装置固定；重新分配未来出舱活动活动计划；切掉对"探索号"气闸舱舱门旋转产生影响并使此次出舱活动推迟的热防护罩带。
233	2003-04-08	6:26	鲍尔索克斯/佩蒂特	Eo6/"探索号"	第51次国际空间站的出舱活动；建立国际空间站电源系统，为其中一个CMG提供第2个动力来源；固定热力控制系统快速断开装置；松开CETA灯光支持系统的触发开关。
234	2004-02-26	3:55	卡列里/福阿莱	Eo6	第52次国际空间站的出舱活动；更换空间站外由日本和俄罗斯提供的一些科学实验设备，并为第二年欧洲无人货运飞船抵达空间站做准备。
235	2004-06-24	0:14	芬克/帕达尔卡	Eo9	第53次国际空间站的出舱活动；因航天服供氧故障仅在外太空工作14分钟就被迫返回。
236	2004-06-30	5:40	芬克/帕达尔卡	Eo9	第54次国际空间站的出舱活动；修复空间站外一失灵的陀螺仪；在Pirs对接舱外安放了一个软扶手。
237	2004-08-03	4:30	芬克/帕达尔卡	Eo9	第55次国际空间站的出舱活动；在国际空间站"星辰号"服务舱外安装一个激光系统并更换了其他一些实验设备。

序号	起始日期	持续时间/时:分	航天员	任务/航天器代号	备注
238	2004-09-03	5:21	芬克/帕达尔卡	Eo9	第56次国际空间站的出舱活动；在"星辰号"服务舱外安装三个天线。
239	2005-01-26	5:28	沙里波夫/焦立中	Eo10	第57次国际空间站的出舱活动；安装了1个德国制造的机械臂和3个用于盛放各种菌类的试验用盒子。
240	2005-03-28	4:30	沙里波夫/焦立中	Eo10	第58次国际空间站的出舱活动；安装保证与欧洲ATV货运飞船成功对接的装置；向太空释放一颗俄罗斯试验性微型卫星。
241	2005-07-30	6:50	野口宗千/罗宾逊	STS-114	第59次国际空间站的出舱活动；隔热瓦模拟修复试验。
242	2005-08-01	7:14	野口宗千/罗宾逊	STS-114	第60次国际空间站的出舱活动；更换失灵的1号陀螺仪。
243	2005-08-03	6:01	野口宗千/罗宾逊	STS-114	第61次国际空间站的出舱活动；维修航天飞机腹部两片不规则凸起的隔热瓦缝隙填充材料和安装外置摄像机和光学系统。
244	2005-08-18	4:58	克里卡列夫/菲利普斯	Eo11	第62次国际空间站的出舱活动；安装一架摄像机，取下一个人体模型和盛放各种菌类的试验用盒子。
245	2005-11-07	5:22	麦克阿瑟/托卡雷夫	Eo12	第63次国际空间站的出舱活动；安装一部新的摄像机，并拆除一部闲置不用的科学探测器。

序号	起始日期	持续时间/ 时:分	航天员	任务/航天器 代号	备注
246	2006-02-03	5:43	麦克阿瑟/托卡雷夫	Eo12	第64次国际空间站的出舱活动；释放一颗由航天服改装的卫星SuitSat；拆除俄罗斯Strela吊臂的固定夹适配器，以便将来在Zarya舱段临时放置空间碎片防护设施；对电缆切割设备进行预防性维护；回收研究航天环境对微生物影响的试验样本；对空间站Zvezda舱的外部进行拍照。
247	2006-06-01	6:31	维诺格拉多夫/杰·威廉姆斯	Eo13	第65次国际空间站的出舱活动；安装Elektron氧气发生器外部喷嘴；对"星辰号"服务舱姿态矫正发动机盖和服务舱外的天线进行了拍照；回收了污染物监测器等科研实验设备；更换了放在运货装置上的一个摄像机。
248	2006-07-08	7:31	福萨姆/塞勒斯	STS-121	第66次国际空间站的出舱活动；为修复国际空间站机动轨道车做准备，并测试了一个修理起重机。
249	2006-07-10	6:47	福萨姆/塞勒斯	STS-121	第67次国际空间站的出舱活动；修复了国际空间站的机动轨道运输机并向空间站冷却系统送去了一个备用模块。
250	2006-07-12	7:11	福萨姆/塞勒斯	STS-121	第68次国际空间站的出舱活动；拍摄机翼前边缘加固碳-碳面板的视频图像，测试NOAX维修材料，移除第二次舱外活动期间递送泵模块使用的固定把手。

序号	起始日期	持续时间/ 时:分	航天员	任务/航天器 代号	备注
251	2006-08-03	5:54	瑞特/ 杰·威廉 姆斯	Eo13	第 69 次国际空间站的出舱活动；安装用来测量空间站电力的漂浮电压测量装置；安装国际空间站材料实验（MISSE）所用的两个箱子；为 S1 构架散热器旋转接头安装控制器，替换计算机，安装右跳线和线圈布线设备，测试红外摄像机，拆除了一部发生故障的 GPS 天线，在美国"命运"实验室上安装了一个真空系统阀门；额外工作：拍摄了气闸舱舱门上的一个刮痕，寻找并监测球形叠式存储器。
252	2006-09-12	6:26	坦纳/ 派帕	STS-115	第 70 次国际空间站的出舱活动；在结构组件之间铺设 17.5 吨 45 英尺（约 14 米）长的动力和数据电缆。
253	2006-09-13	7:11	伯班克/ 麦克林	STS-115	第 71 次国际空间站的出舱活动；在国际空间站的新结构组件上安装关键设备"太阳阿尔法旋转接头"。
254	2006-09-15	6:42	坦纳/ 派帕	STS-115	第 72 次国际空间站的出舱活动；给太阳能帆板冷却散热器充电，替换 S-波段无线电天线。
255	2006-11-23	5:38	阿雷格里 亚/图林	Eo14	第 73 次国际空间站的出舱活动；图林从 Pirs 上的支架上击打一个高尔夫球，这个球击中空间站俄罗斯部分的背面；将检测空间站"进步-23"货运飞船的部分系统；重新部署 WAL 天线，以便引导欧空局货运飞船对接；安装 BTN 中性粒子实验设备。

序号	起始日期	持续时间 /时 : 分	航天员	任务 / 航天器代号	备注
256	2006-12-12	6:36	弗格桑 /科宾	STS-116	第 74 次国际空间站的出舱活动；安装 P5 空间站桁架部分；替换发生故障的照相机。
257	2006-12-14	5:00	弗格桑 /科宾	STS-116	第 75 次国际空间站的出舱活动；调节国际空间站的长期电力保障系统；把工作站台从空间站的一边移动到另一边，腾出国际空间站的自动运输通道；检查 2 号固定工作台。
258	2006-12-16	7:31	科宾 /苏·威廉姆斯	STS-116	第 76 次国际空间站的出舱活动；重新配置国际空间站电力系统；将碎片屏蔽面板从空间站内部转移到外部存放地；安装机械臂抓取器。
259	2006-12-18	6:38	科宾 /苏·威廉姆斯	STS-116	第 77 次国际空间站的出舱活动；手动回收旧太阳能电池板。
260	2007-01-31	7:55	苏·威廉姆斯 /阿雷格里亚	Eo14	第 78 次国际空间站的出舱活动；为国际空间站的温度调节系统重新配置冷却回路；重新布置国际空间站的能源补给系统。
261	2007-02-04	7:11	苏·威廉姆斯 /阿雷格里亚	Eo14	第 79 次国际空间站的出舱活动；重新配置"命运号"实验舱的一个冷却回路，从临时系统接入永久系统；站外电路接线；清理废弃的氨水冷却设备。
262	2007-02-08	6:40	苏·威廉姆斯 /阿雷格里亚	Eo14	第 80 次国际空间站的出舱活动；将空间站外的两个大型遮蔽罩移除丢弃，并安装货运飞船的几个附属装置。

序号	起始日期	持续时间 / 时：分	航天员	任务 / 航天器 代号	备注
263	2007－02－22	6:18	图林 / 阿 雷格里亚	Eo14	第 81 次国际空间站的出舱活动；修复对接在空间站上的俄罗斯货运飞船的一处天线故障。
264	2007－05－30	5:25	雅奇金 / 科托夫	Eo15	第 82 次国际空间站的出舱活动；在空间站外安装 5 个大小在 0.6 米至 0.9 米之间的铝制遮蔽罩。
265	2007－06－06	5:37	雅奇金 / 科托夫	Eo15	第 83 次国际空间站的出舱活动；为国际空间站俄罗斯部分安装遮蔽罩；"曙光号"舱外架设以太网电缆；在国际空间站外放置"生物实验"容器。
266	2007－06－11	6:15	雷利 / 奥 立瓦斯	STS－117	第 84 次国际空间站的出舱活动；将一对大型桁梁和太阳能电池板安装到国际空间站的右舷。
267	2007－06－13	7:16	弗莱斯特 / 斯旺森	STS－117	第 85 次国际空间站的出舱活动；协助站内航天员回收一组旧的太阳能电池板；激活组件中内嵌的"太阳阿尔法旋转接头"。
268	2007－06－15	7:58	雷利 / 奥 立瓦斯	STS－117	第 86 次国际空间站的出舱活动；修复隔热板。
269	2007－06－17	6:29	弗莱斯特 / 斯旺森	STS－117	第 87 次国际空间站的出舱活动；使太阳能电池板的"太阳阿尔法旋转接头"处于完全启用状态，并完成校验工作；在站外安装一个电视摄像头；做一些站外清理工作。
270	2007－07－23	7:41	雅奇金 / C·安德森	Eo15	第 88 次国际空间站的出舱活动；清理、修理和更换国际空间站上的设备。

序号	起始日期	持续时间 / 时：分	航天员	任务 / 航天器 代号	备注
271	2007-08-11	6:17	马斯特 拉基奥 / 戴·威廉 姆斯	STS-118	第 89 次国际空间站的出舱活动；将重约 2 吨的巨大组件放置到空间站预定位置，随后将它和空间站主体结构连接紧固。
272	2007-08-13	6:28	马斯特 拉基奥 / 戴·威廉 姆斯	STS-118	第 90 次国际空间站的出舱活动；为国际空间站更换了一个负责飞行定位的力矩陀螺仪。
273	2007-08-15	5:28	马斯特 拉基奥 / 戴·威廉 姆斯	STS-118	第 91 次国际空间站的出舱活动；将空间站左侧 P6 组件的一根天线挪动位置，然后将站外的两辆移动运输推车挪开，还为空间站通信系统进行了升级，安装了一个信号处理器、一个无线电转发器和一对通信电子器件盒。由于中途马斯特拉基奥发现自己的手套出现破损，二人被迫提前返回。
274	2007-08-18	5:02	W·威 廉姆斯 / 克·安 德森	STS-118	第 92 次国际空间站的出舱活动；在空间站外部安装支架和一个无线传感系统天线，回收老化的试验装置。
275	2007-10-26	6:14	帕拉津 斯基 / 道·韦 勒克	STS-120	第 93 次国际空间站的出舱活动；将"和谐"舱移动到空间站"团结"节点舱一侧，放入预定位置；回收一个坏掉的天线支架，并为日后挪动空间站 P6 结构组件进行了一些准备工作。

序号	起始日期	持续时间/ 时:分	航天员	任务/航天器 代号	备注
276	2007-10-28	6:33	帕拉津 斯基/ 丹·塔尼	STS-120	第94次国际空间站的出舱活动；为"和谐"节点舱安装外部组件、卸下一个厚重支架并检查国际空间站可能存在问题的设备。
277	2007-10-30	7:08	帕拉津 斯基/ 道·韦 勒克	STS-120	第95次国际空间站的出舱活动；将P6组件挪放到新的永久位置上；检查空间站左侧一个太阳能电池板的旋转接头。
278	2007-11-03	7:19	帕拉津 斯基/ 道·韦 勒克	STS-120	第96次国际空间站的出舱活动；修复国际空间站一块出现裂缝的太阳能电池板。
279	2007-11-09	6:55	马连琴科 /佩·维 特森	Eo16	第97次国际空间站的出舱活动；完成了许多"清理"工作，如拆除电缆和一些连接线等，并为"和谐"连接舱挪动位置做准备。
280	2007-11-20	7:16	佩·维 特森/ 丹·塔尼	Eo16	第98次国际空间站的出舱活动；为"和谐"舱连接了冷却、电力、加热以及数据系统的部分线路；在"命运"舱和"和谐"舱之间连接安装了一个重达130千克的液体管道装置。
281	2007-11-24	7:04	佩·维 特森/ 丹·塔尼	Eo16	第99次国际空间站的出舱活动；完成空间站"和谐"舱的所有配线工作。
282	2007-12-18	6:56	佩·维 特森/ 丹·塔尼	Eo16	第100次国际空间站的出舱活动；检查与空间站太阳能电池板有关的两个设备——空间站右舷上的"太阳阿尔法旋转接头"和贝塔万向架组件。

序号	起始日期	持续时间 / 时：分	航天员	任务 / 航天器 代号	备注
283	2008－01－30	7:10	佩·维特森 / 丹·塔尼	Eo16	第 101 次国际空间站的出舱活动；更换一个驱动太阳能电池板工作的发动机；检测空间站右侧太阳能电池板的"太阳阿尔法旋转接头"。
284	2008－02－11	7:58	雷·沃尔海姆 /斯坦利·洛文	STS－122	第 102 次国际空间站的出舱活动；将欧洲"哥伦布"实验舱安置到国际空间站上。
285	2008－02－13	6:45	雷·沃尔海姆 /汉斯·施莱格尔	STS－122	第 103 次国际空间站的出舱活动；为国际空间站更换液氮罐。
286	2008－02－15	7:25	雷·沃尔海姆 /斯坦利·洛文	STS－122	第 104 次国际空间站的出舱活动；在国际空间站的"哥伦布"实验舱外安装两个实验平台，即太阳望远镜和 EuTEF。
287	2008－03－14	7:01	林奈 / 雷斯曼	STS－123	第 105 次国际空间站的出舱活动；为安装日本"希望号"实验舱的保管舱做准备，并成功为加拿大研发的 DEXTRE 机械臂安装了两只机械手。
288	2008－03－15	7:08	林奈 / 福尔曼	STS－123	第 106 次国际空间站的出舱活动；继续的组装。
289	2008－03－17	6:53	林奈 /本肯	STS－123	第 107 次国际空间站的出舱活动；继续 DEXTRE 的组装，为其安装工具包和照相机等配件。

序号	起始日期	持续时间 / 时：分	航天员	任务 / 航天器代号	备注
290	2008-03-20	6:24	本肯 / 福尔曼	STS-123	第108次国际空间站的出舱活动；更换远程电力控制模块，并测试了航天飞机隔热瓦修复技术。
291	2008-03-22	6:02	本肯 / 福尔曼	STS-123	第109次国际空间站的出舱活动；安装航天飞机吊杆传感器系统，对"太阳阿尔法旋转仪"旋转接头进行了检查；成功安装MISSE6实验设备。
292	2008-06-03	6:48	加兰 / 佛桑	STS-124	第110次国际空间站的出舱活动；准备日本"希望号"实验舱的安装，测试"太阳阿尔法旋转仪"滚圈的清洗技术，并安装一个备份"太阳阿尔法旋转仪"转动式方位指示装置。
293	2008-06-05	7:11	加兰 / 佛桑	STS-124	第111次国际空间站的出舱活动；整理"希望号"实验舱主体加压舱段；收回空间站外检查隔热板的吊杆；拆除故障电视摄像机。
294	2008-06-08	6:33	加兰 / 佛桑	STS-124	第112次国际空间站的出舱活动；更换一个空液氮罐；完成"希望号"实验舱的配置；重新安装电视摄像机。
295	2008-07-11	6:18	科诺年科 / 沃尔科夫	Eo17	第113次国际空间站的出舱活动；拆除爆炸螺栓点火电线。
296	2008-07-15	5:54	科诺年科 / 沃尔科夫	Eo17	第114次国际空间站的出舱活动；继续配置空间站外部结构，包括为"星辰号"服务舱安装一个对接泊位，并安装了一个用于地震预报的实验装置。

260

图书在版编目（CIP）数据

探索印记 / 陈善广主编. — 长沙 ： 湖南科学技术
出版社，2022.2
ISBN 978-7-5710-1215-1

Ⅰ．①探… Ⅱ．①陈… Ⅲ．①航天器舱外活动—
普及读物 Ⅳ．①V527-49

中国版本图书馆 CIP 数据核字 (2021) 第 178338 号

探索印记

主　　编：陈善广
出 版 人：潘晓山
责任编辑：杨许国　王　斌
出版发行：湖南科学技术出版社
社　　址：长沙市湘雅路 276 号
　　　　　http://www.hnstp.com
湖南科学技术出版社天猫旗舰店网址：
　　　　　http://hnkjcbs.tmall.com
印　　刷：长沙市宏发印刷有限公司
　　　　　（印装质量问题请直接与本厂联系）
厂　　址：长沙市开福区捞刀河大星村 343 号
邮　　编：410153
版　　次：2022 年 2 月第 1 版
印　　次：2022 年 2 月第 1 次印刷
开　　本：880 mm×1230mm　1/32
印　　张：8.75
字　　数：186 千字
书　　号：ISBN 978-7-5710-1215-1
定　　价：68.00 元